Clematis

KOSMOS

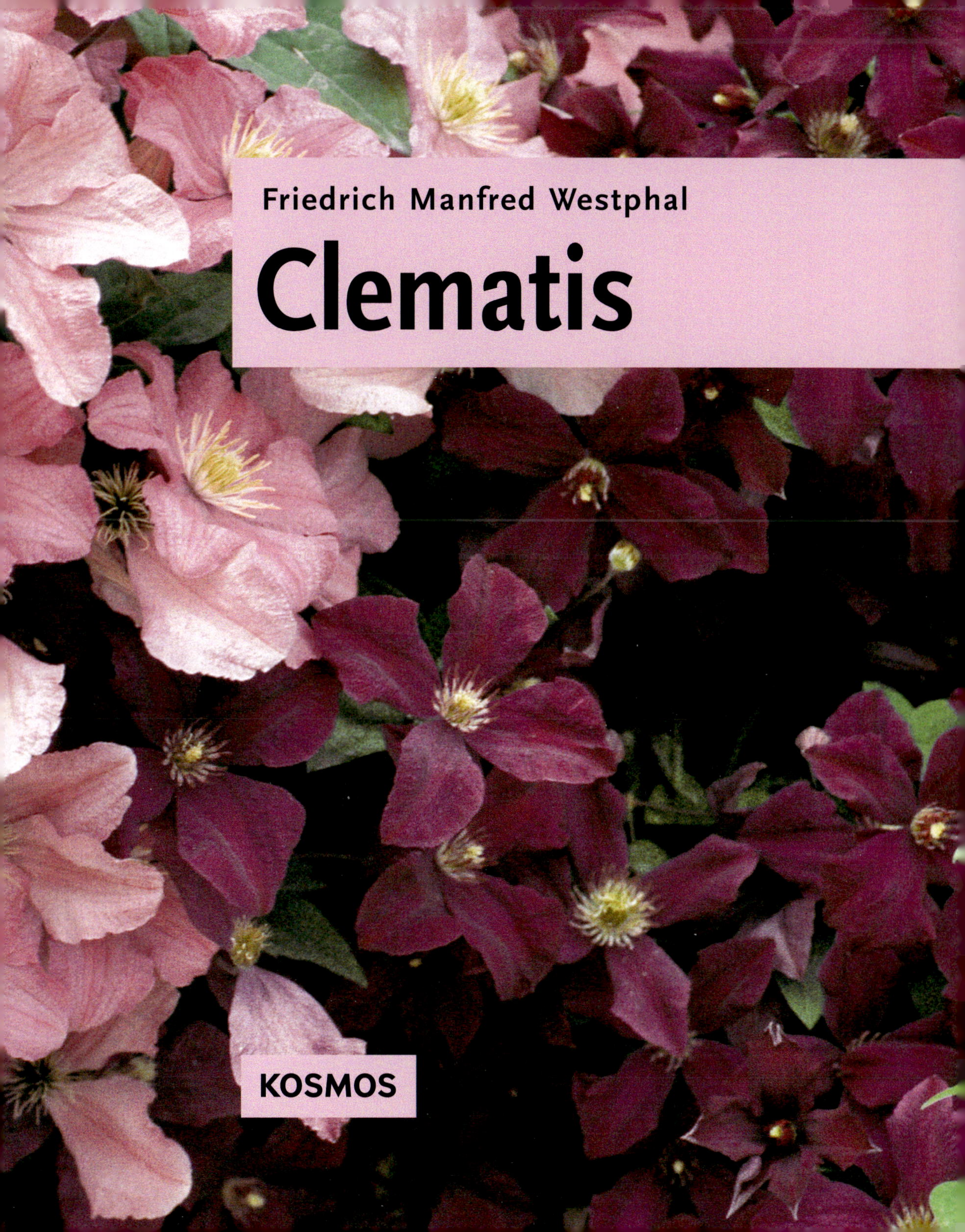

Friedrich Manfred Westphal

Clematis

KOSMOS

Inhalt

Gestaltung

Clematis – vielfältige Kletterer

C. integrifolia *'Arabella'. Hier eine beispielhafte Pflanzung mit rustikalem Beiwerk Clematis als Bodendecker zu verwenden.*

Clematis gehören dank ihrer Blütenpracht und ihrer Vielfalt zu den beliebtesten Kletterpflanzen überhaupt. Sie dürfen in keinem Garten fehlen. Die Auswahl ist seit den 80er Jahren riesengroß geworden. Jährlich kommen zahlreiche Neuzüchtungen mit hohem Garten- und Zierwert hinzu. Viele namhafte Züchter verfolgen unterschiedliche Zuchtziele, alle gemeinsam legen Wert auf Gesundheit, lange Blütezeiten und eine Eignung für Kübel oder Gefäße. Besonders die Verwendung als Kübelpflanze ist z. B. in Japan viel länger bekannt als in Europa, nicht zuletzt weil ein „Gartentourismus", vor allem nach England, in den letzten Jahren entsprechend Zulauf findet. Gerade von dort kommen sehr viele Ideen und Anregungen Clematis gezielt einzusetzen.

Clematis für Einsteiger
Clematis-Hybride 'Ascotiensis'
Clematis-Hybride 'Dr. Ruppel'
Clematis-Hybride 'Jackmanii'
Clematis-Hybride 'Westerplatte'
C. alpina 'Blue Princess'
C. flammula 'Rubromarginata'
C. integrifolia 'Arabella'
C. montana 'Tetrarose'
C. serratifolia 'Golden Tiara®'™
C. texensis 'Princess Diana'
C. viticella 'Venosa Violacea'

Allroundtalent – Clematis für Fassaden & Co.

Die Fülle an unterschiedlichen Clematis-Arten und -Sorten lassen kaum Wünsche offen. Die am meisten verwendeten Kletterformen der Clematis werden an Fassaden, Flechtzäunen und Pergolen zum Bekleiden eingesetzt. Es gibt natürlich noch weitaus mehr Verwendungsmöglichkeiten, wie z. B. das Hineinwachsen in Bäume, Sträucher, Hecken oder Rosen, besonders in Kletterrosen oder Strauchrosen.

Empfehlenswerte Sorten zum Bekleiden von Fassaden, Flechtzäunen und Pergolen sind großblütige Hybriden (siehe Seite 26 bis 29), die Wildarten von *Clematis alpina, Clematis viticella, Clematis texensis, Clematis orientalis* und deren Sorten (ab Seite 32).

Kletterwunder für Bäume und Sträucher

Clematis montana und die Clematis der Vitalba-Gruppe pflanzt man am besten zu Bäumen oder großen Sträuchern. Diese Kletterwunder können ohne weiteres 10 m erreichen und blühen mit Hunderten von Blüten. *Clematis montana* blühen im Mai und *Clematis vitalba* im August. In einem Jahr ist mit gut 3 m Wachstum zu rechnen.

Etwas schwieriger wird es, wenn man Clematis in Hecken pflanzen möchte. Geht man davon aus, dass eine Hecke regelmäßig im Sommer geschnitten wird, dann stellt sich die Frage: „Was wird aus meiner Clematis?" Man verwendet hier ausschließlich Clematis der Alpina-Gruppe, die im Sommer sehr gut geschnitten werden können und dennoch im darauf folgenden Frühjahr gut blühen. Eine Hecke bringt oft auch Trockenheit mit sich, was dieser Clematis-Gruppe aber sehr entgegenkommt.

Akzente im Staudenbeet und kleinen Gärten

Die kleinen und zierlichen Staudenclematis der Integrifolia-Gruppe, mit ihren pagodenförmigen, nickenden und duftenden Blüten, strahlen einen besonderen Reiz aus. Die Blüten können 3 bis 8 cm im Durchmesser erreichen (alle Blütenangaben im Buch beziehen sich jeweils auf den Durchmesser), und die Pflanzen werden bis zu 60 cm hoch. So können kleine Akzente im Staudenbeet gesetzt werden.

Als Hängepflanze blühen diese sehr winterharten Clematis in kleinen Kaskaden über Mauern oder Palisaden fast den ganzen Sommer lang. Die Verwendung als flache Bodenbedeckung ist eine willkommene und schöne Abwechslung. Sie überwachsen z. B. Steine oder andere kleine Hindernisse mühelos.

In der Gruppe der Staudenclematis finden wir auch zahlreiche „große Geschwister", die deutlich länger werden können (bis zu 2 m). Solche Clematis lieben es nach oben zu wachsen, sie benötigen dann einen besonderen Halt. Es bieten sich Obelisken oder ähnliche Rankhilfen an.

Sinnvoll kann auch die Verwendung in Sträuchern, Koniferen (Nadelgehölze) oder Strauchrosen sein. Hier können blütenarme Zeiten überbrückt werden. Ihre „Konifere blüht" dann z. B. mitten im Sommer. Oder eine Forsythie blüht im Frühjahr gelb und im Sommer blau, weil dort eine *C. integrifolia* 'Durandii' hineinwächst. Wer es etwas rustikaler liebt, verwendet *C. heracleifolia* 'Cassandra' oder *C. tubulosa* 'Côte d'Azur'. Als aufrecht wachsende Stauden erreichen sie eine Höhe von 1,20 m und sind imposant anzusehen. Dass es sich hier um duftende Clematis handelt, ahnt kaum jemand.

Clematis 'H.F. Young'. Eine Möglichkeit, Clematis zum Bekleiden von Baumstämmen einzusetzen.

C. heracleifolia 'Cassandra' duftet nach Jasmin.

Perfekter Sichtschutz mit Clematis

C. texensis *'Princess Diana' ist zweifelsfrei eine unverzichtbare Augenweide und eine Klasse für sich.*

Clematis finden auf unterschiedliche Weise Verwendung als Sichtschutz. Man kann sie einzeln, zu mehreren oder mit anderen Pflanzen zusammensetzen. Neben weiteren Schling- und Kletterpflanzen bieten sich hierfür auch andere Gehölze und besonders Kletterrosen an.

Die Hilfsmittel, die heute zur Sichtschutzherstellung zur Verfügung stehen, sind sehr vielfältig und in jedem Baumarkt zu bekommen. Mit etwas handwerklichem Geschick, etwas Kreativität und vergleichbar wenig Aufwand, sind schnell Zäune, Wände oder Pergolen aufgebaut.

Als Garten-Raumteiler kann man auch große Gefäße verwenden. Einen Obelisken an einer bestimmten Stelle im Garten platziert, bildet einen besonderen Blickfang. Da Clematis in nahezu allen Farben zur Verfügung stehen, können sie vielerorts eingesetzt werden und setzen so reizvolle Akzente. Auch bei der Standortwahl ist von vollsonnig, über halbschattig bis schattig alles möglich.

Clematis montana – schneller Sichtschutz

Die stark wachsende *Clematis montana* (Berg-Waldrebe) und ihre Sorten werden bevorzugt zum schnellen Beranken von Pergolen oder Wänden verwendet. Stark wachsen heißt 3 m Länge pro Jahr und ein dichtes Laubwerk mit unzähligen Trieben. Montana's wachsen in voller Sonne oder auch im Schatten. Berg-Waldreben vertragen aber keine Nässe! Nach dem dritten Jahr werden im Mai Hunderte von Blüten aus dem vorjährigen Holz gebildet. Erläuterungen hierzu unter Rückschnittempfehlungen (siehe Seite 18/19). Nicht zu unterschätzen ist schließlich auch das Gewicht einer solchen ausgewachsenen Clematis, besonders für die Rankgerüste.

Sichtschutz mit Pfiff

Die gelben Clematis der Orientalis- und Tangutica-Gruppe (Gold-Waldrebe) wachsen kräftig, gut verzweigt und erreichen meist Höhen von 3 bis 4 m. Sie lieben vollsonnige Plätze und blühen vorwiegend im Spätsommer. Die im Herbst erscheinenden silbrigen Fruchtstände bilden bis in den Winter hinein ein beeindruckendes Schauspiel der besonderen Art.

Blumiger Sichtschutz nach Mass

Für Flechtwände oder Zäune sind *Clematis*-Hybriden, *Clematis viticella* (Italienische Waldrebe) mit ihren zahlreichen Sorten und *Clematis texensis* (Texas-Waldrebe) zu empfehlen.

Clematis viticella und *Clematis texensis* lieben sonnige Plätze und eignen sich besonders gut für Südlagen. Die Blüten der *Clematis viticella* erscheinen sehr zahlreich. Sie haben meist vier glockig angeordnete Blütenblätter und sind sehr gesund und winterhart.

Clematis-Fruchtschmuck erscheint schon im Sommer und behält seinen besonderen Reiz bis in den Winter.

Clematis texensis haben tulpenförmige oder krugförmige Blüten. *Clematis texensis* zeichnen sich durch eine ausgesprochen lange Blütezeit aus. Alle haben für diese Verwendung die ideale Höhe von 2 bis 3 m.

Clematis-Hybriden – imposant und farbenprächtig

Die *Clematis*-Hybriden (großblütige Züchtungen) beeindrucken durch ihre großen, imposanten Blüten in vielen Farben. Die Blüten sind sehr unterschiedlich in Größe und Form. Es gibt sowohl einfache als auch gefüllte Varianten darunter. Die großblütigen *Clematis*-Hybriden werden in zwei Gruppen eingeteilt. Der Unterschied zwischen den Gruppen liegt besonders in den Blütezeiten und damit auch im abweichenden Rückschnitt (siehe auch Seite 18/19). Die Standortbedingungen weichen ebenfalls voneinander ab. Die früh blühenden Hybriden benötigen zudem mehr Schatten als die späteren Sommerblüher. Einige Sorten bringen wenig Fülle mit sich, und es bieten sich Kombinationen mit nicht blühenden Pflanzen an, z. B. Efeu (*Hedera helix*) oder selbstklimmender Wilder Wein (*Parthenocissus quinquefolia* 'Veitchii'). Selbst kahl gewordene Kletterrosen können wieder im unteren Bereich „dicht“ werden.

Clematis 'Lady Betty Balfour' und die Climber Rose 'Pink Perpétue', als Raumteiler zur Terrasse.

Clematis für jeden Farbgeschmack

Blau/Violett	Rot/Rosa	Weiß
'Anna Herman'	'Aleksandrit'	'Chalcedony'
'Ascotiensis'	'Asao'	'Duchess of Edinburgh'
'Betty Corning'	'Corona'	'Ideal'
'Countess of Lovelace'	'Hagley Hybrid'	'Ivan Olsson'
'Elsa Späth'	'Miniseelik'	'Jackmanii Alba'
'Etoile Violette'	'Monte Cassino'	'John Huxtable'
'Frau Mikiko'	'Pink Champagne'	'Miss Bateman'
'H.F. Young'	'Pink Fantasy'	'Mme Le Coultre'
'Jackmanii'	'Rahvarinne'	'Radost'
'Königskind'	'Red Pearl'	'Roogoja'
'Multi Blue'	'Sunset'	'Sylvia Denny'
'Prince Charles'	'Westerplatte'	'Yukikomachi'
'Will Goodwin'	*alp.* 'Pink Princess'	'Yukiokoshi'
C. alpina	*div.* 'Heather Herschell'	*C. flammula*
C. cylindrica	*C. montana* in Sorten	*int.* 'Alba'
C. integrifolia	*tex.* 'Etoile Rose'	*macr.* 'White Lady'
int. 'Arabella'	*tex.* 'Gravetye Beauty'	*vit.* 'Alba Luxurians'

Mobil in Kübel und Gefäßen

Clematis 'Kjell' ist eine hervorragende Waldrebe, die erfolgreich in Kübeln oder Gefäßen kultiviert werden kann. Sie bleibt niedrig und blüht beinahe den ganzen Sommer.

Die heutigen Haus- und Vorgärten werden kleiner und kleiner. Häufig sind nur noch eine kleine Terrasse, eine Loggia oder ein Balkon zu finden – aber sogar der kleinste Platz kann für Clematis genutzt werden.

Besteht die Möglichkeit, eine Kletterhilfe an einer Wand anzubringen, kann ein Gefäß entsprechend platziert werden und Ihre Clematis wächst von diesem Gefäß aus an der Kletterhilfe empor. Haben Sie nicht die Möglichkeit einer Wandbefestigung, können Sie auf einen Obelisk oder eine ähnliche Konstruktion zurückgreifen. Ein Obelisk, zusammen mit einem Gefäß, hat den Vorteil beweglich zu sein. Bei der Sortenwahl muss man abwägen wie viel Höhe benötigt wird und wie hoch die Hauptsichthöhe ist (Blüten sollten in Augenhöhe sein).

Auch Gartenbesitzer, die mehr Platz zur Verfügung haben, sollten nicht auf Kübel oder Gefäße verzichten. Die eine oder andere Lücke kann so gefüllt werden. Zudem ist mit größeren Gefäßen eine Raumteilung möglich.

Das richtige Gefäss

Wie groß sollte ein Gefäß sein? Grundsätzlich gilt: je größer desto besser. Man rechnet mit mindestens 15 bis 25 Liter Volumen. Pro Pflanze stellt man ca. 7 bis 10 Liter Erde zur Verfügung, d.h. große Gefäße können mit mehreren Pflanzen bestückt werden. Es dürfen auch gerne unterschiedliche Sorten verwendet werden. Das Gefäß selber kann aus unterschiedlichen Materialien bestehen (Holz, Keramik, Kunststoff oder Metall). Wichtig ist zu wissen, dass viele Keramikgefäße nicht frostsicher sind. Lassen Sie sich von Fachleuten beraten!

Eine gute Entwässerung durch entsprechende Bodenlöcher ist zwingend notwendig. Das Substrat sollte strukturfest und wasserdurchlässig sein. Üblich ist

Beliebte Clematis für Töpfe und Kübel

Sorte	Wuchshöhe in m	Freilandüberwinterung	Turnus Umpflanzen
'Arctic Queen'	1,8–2,2	mit Schutz	2–3 Jahre
'Ashva'	1,8–2,2	ohne Schutz	1–2 Jahre
'Justa'	1,8–2,2	ohne Schutz	1–2 Jahre
'Kjell'	1,5–2	mit Schutz	2–3 Jahre
'Königskind'	1,5–2	mit Schutz	1–2 Jahre
'Miniseelik'	1,5–2	ohne Schutz	1–2 Jahre
'Multi Blue'	2,2–3	mit Schutz	2–3 Jahre
'Ville de Lyon'	2–2,8	ohne Schutz	1–2 Jahre
int. 'Juuli'	1,8–2,2	ohne Schutz	2–3 Jahre
orient. 'Helios'	1,8–2,5	ohne Schutz	1–2 Jahre
tex. 'Princess Diana'	2–3	mit Schutz	1–2 Jahre

eine Kübelpflanzen-Erde oder eine vergleichbare Praxiserde. Grober Weißtorf oder Kompost mit Tonanteil ist gut geeignet. Kalk und Dünger dürfen natürlich auch nicht fehlen.

Im Sommer gut pflegen

Während der Sommermonate muss man Clematis regelmäßig gießen und nachdüngen sowie Verblühtes abschneiden und ausputzen. Besonders auf Schädlings- oder Pilzbefall ist zu achten und auch die Blattunterseiten sind zu kontrollieren. Alle zwei Jahre wird umgepflanzt. Sie können in der Regel dasselbe Gefäß wieder verwenden. Der Wurzelballen wird dabei etwas verkleinert und man füllt neues Substrat ein.

Sicher überwintern

In normalen Wintern mit Temperaturen um –10 °C ist bei den meisten Sorten kein besonderer Winterschutz nötig. Erst wenn naturgemäß mit noch niedrigeren Temperaturen zu rechnen ist, sollte man zusätzlichen Schutz vornehmen. Das Gefäß an einem frostgemilderten Ort zu platzieren, ist eine Möglichkeit (z. B. Garage oder Gartenhaus). Eine weitere Möglichkeit besteht in der Einmietung an einem Ort im Garten, der nicht den Winter über benötigt wird. Wer sein Gefäß nicht bewegen kann oder keinen geeigneten Ort zur Verfügung hat, sollte es so einpacken, dass es nicht zu sehr durchfrieren kann. Das kann mit verschiedenen Mitteln erfolgen, z. B. Laub, Stroh, Kokosmatte oder Luftpolsterfolie. Vergessen Sie nicht, für eine ausreichende Durchlüftung zu sorgen und an frostfreien Tagen gelegentlich etwas zu gießen.

Zur Überwinterung sollten Sie Reetmatten, Tannenreisig, Laub, Vlies oder Stroh bereithalten.

Clematis in Gefäßen sind vielerorts dort angebracht, wo neben einem guten Sichtschutz, ein hoher Zierwert und gleichzeitig Zierelemente (z. B. Obelisken) vereint werden sollen.

Kübelpflanzen mit Erfolg

Die Kübelpflanzen müssen eine lange Blütezeit, gute Winterhärte und einen kompakten, gesunden Wuchs aufweisen sowie pflegeleicht sein.

Die meisten der heute im Handel befindlichen Kübel-Clematis erfüllen diesen Anspruch. Nur wenige für den Kübel geeignete Sorten müssen frostfrei überwintert werden (siehe auch Seite 26 bis 45). Einige Sorten, z. B. immergrüne Clematis, sind auch gut für Wintergärten geeignet.

Clematis und ihre Begleiter

Clematis können sehr gut als Begleitpflanzen eingesetzt werden. Das Hauptziel ist dabei, den Zierwert anderer Pflanzen zu erhöhen oder zu ergänzen – und es gibt eine Fülle von Möglichkeiten, Clematis und ihre Begleiter richtig einzusetzen.

Immergrün und bunt

Bei immergrünen oder dekorativen Gehölzen, die nicht oder nur unscheinbar blühen, einschließlich Koniferen, hat man die Möglichkeit, diese durch Clematis erblühen zu lassen. Selbst Rhododendron lassen sich sehr schön begleiten oder überwachsen. Man wählt dezent wachsende Clematis aus, die nicht aufdringlich erscheinen oder gar die Oberhand bekommen. Verwendet werden vorzugsweise botanische Arten, z. B. aus der Texensis-, Viticella-Gruppe oder der Integrifolia-Familie. Dass eine gewisse Bedrängnis dennoch stattfindet, ist nicht zu übersehen. Mit dem Rückschnitt zum Winter werden die Begleiter aber schließlich wieder „befreit".

C. florida *'Alba Plena' ist hier in einen* Acer palmatum *'Dissectum Nigrum' gewachsen und bildet einen guten Kontrast. Beide sind zierlich und filigran.*

Clematis 'Königskind' und die bekannte Kletterrose 'Rosarium Uetersen®'. Die Verkahlung der Kletterrose wird ideal durch die Clematis abgedeckt.

Farbspiele mit Stauden und Gehölzen

Bei blühenden Gehölzen oder Stauden können Farbspiele geschaffen werden. Ob man sich für Ton in Ton oder für Kontrast entscheidet, bleibt jedem Gartenbesitzer selbst überlassen. Auch abwechselnde Blühtermine können erreicht werden. Beim Garten-Hibiskus (*Hibiscus syriacus*), der erst ab Juli/August blüht, sind Pflanzungen mit früh blühenden Sorten möglich. Das Gleiche gilt auch für zahlreiche Obstgehölze. Korkenzieher-Hasel im Sommer ist vergleichsweise unscheinbar, aber auch er könnte dann erblühen.

Dream-Team Clematis und Rosen

Bleibt noch die besondere Beziehung von Clematis zu Kletter- und Strauchrosen – eine perfekte Verbindung! Es gibt kaum mehr Möglichkeiten als die Kombination zu Rosen. Ob es einmalblühende oder öfterblühende Rosen sind, hohe oder niedrige, überall können Clematis hinzugesellt werden. Selbst eine alte Kletterrose, die unten kahl geworden ist, kann für Clematis genutzt werden. Clematis und Rosen haben sehr viel gemeinsam, nutzen Sie diese Möglichkeit.

Praxis

Clematis im Garten

Clematis 'Hagely Hybrid' und 'Rouge Cardinal' bilden einen wahren Blütenteppich. Sie behaupten sich selbst hier in dieser Zwangslage als Bodendecker neben verschiedenen Stauden und Kleingehölzen. Es muss nicht immer eine Kletterhilfe zur Verfügung stehen.

Ein guter Standort

Wo können Clematis überall gepflanzt werden? Das hat sich schon mancher Pflanzenliebhaber gefragt. Eigentlich ist die Antwort ganz einfach: in jedem Garten!

Die Vielzahl der unterschiedlichen Clematis-Arten benötigen auch unterschiedliche Standorte in unseren Gärten. Von der Herkunft der botanischen Arten und den daraus entstandenen Züchtungen können wir die wichtigsten Standortansprüche für den Garten ableiten. Schon die Namen der einzelnen Arten verraten sehr viel über deren Herkunft, z. B. *alpina* = Alpenregion, *tibetana* = Tibet/Himalaja oder *texensis* = Texas/Nordamerika. Ausnahmen gibt es natürlich auch, z. B. *Clematis viticella* = Italienische Waldrebe, die gut Wärme vertragen kann und gleichzeitig sehr winterhart ist.

Clematis sind auf der ganzen Erde beheimatet. Die meisten kommen aus Gebirgsregionen oder kälteren Gebieten. Kälte bedeutet nicht Schatten. Clematis lieben volles Licht. Es darf auch gerne sonnig sein, das trifft für die meisten Clematis zu. Erst wenn genügend

Clematis richtig pflanzen

Licht zur Verfügung steht, können ausreichend Knospen und schließlich auch Blüten gebildet werden. Es gibt natürlich auch Schatten-Clematis, die dort noch sehr schön blühen, wo andere Pflanzen längst aufgegeben haben.
Clematis lieben es, an einem windgeschützten Platz im Garten gepflanzt zu werden. Windige oder zugige Hausecken sind der größte Feind einer Clematis. Sie werden an solchen Plätzen wenig Erfolg mit Ihrer Waldrebe haben. Aber auch hier gibt es Ausnahmen im Clematis-Sortiment. Besonders robust ist aus der Vitalba-Familie die Sorte 'Paul Farges' (siehe Seite 43), sie gedeiht überall und verzeiht durchaus Kulturfehler.

Gartenböden gut vorbereiten

Die Erde sollte humusreich und durchlässig sein, gleichzeitig aber Feuchtigkeit halten. Verdichtete Böden müssen bis in tiefere Schichten aufgelockert werden. In schweren Böden, in denen häufig mit Staunässe zu rechnen ist, sind Gegenmaßnahmen dringend notwendig. Es gibt zwei Möglichkeiten der Abhilfe: Man häuft die vorhandene Erde so zusammen, dass die Clematis auf einen kleinen Hügel gepflanzt werden kann, eventuell ergänzt man diesen Hügel noch mit neuer Erde oder durchlässigem Kompost. Die andere Variante ist, mit einer Drainageschicht im Pflanzloch zu arbeiten. Hier treten immer wieder die gleichen Probleme auf. Eine Drainageschicht im Pflanzloch selbst hilft wenig, wenn das Wasser nicht seitlich oder weiter nach unten abfließen kann. Wichtig: Entwässern Sie richtig!

Richtig gepflanzt – Clematis und Gehölze

Pflanzt man zu Bäumen, Sträuchern oder Rosen, kann eine Wurzelsperre (Rhizomsperre) nötig werden. Eine dicke Teichfolie oder ein „Fass ohne Boden" bieten da gute Dienste. Häufig findet sich auch ein geeigneter großer Blumentopf oder ein alter Wassereimer daheim.
Das Pflanzloch selbst sollte der gekauften Pflanze bzw. dem Topfballen angepasst werden. Alle Clematis der Alpina-Familie werden höher gepflanzt, etwa so tief wie sie im Topf zuvor gewesen sind.
Schließlich gibt es das Problem mit dem Vorpflanzen von anderen Kleingehölzen, um den Clematis einen schattigen Fuß zu bieten. Pflanzt man aber eine Clematis und setzt gleich eine Fußpflanze dazu, ist die Wurzelkonkurrenz sofort parat. Besser ist es, die Pflanzstelle mit Rindenmulch, Kieselsteinen oder ähnlichem Material abzudecken. Das hält gut feucht, kühlt den Boden und Unkraut wächst kaum. Zudem erreichen sie einen zusätzlichen Deko-Effekt.

Pflanzung mit Rhizomsperre

1

Sind die Pflanzvorbereitungen mit dem Pflanzloch (ca. 30 cm Durchmesser und ca. 40 cm tief) abgeschlossen, kann die Rhizomsperre eingefügt werden.

2

Setzen Sie die Clematis ca. 7 bis 10 cm tiefer ein als sie im Topf vorher gestanden hat. Eine Drainage ist in den meisten Fällen nicht mehr nötig.

3

Füllen Sie das Pflanzloch mit der vorhandenen Erde wieder auf, gießen Sie durchdringend an und decken Sie die Pflanzstelle mit Mulchmaterial anschließend ab.

Clematis erfolgreich pflegen

Clematis 'Rüütel' und Clematis 'Mrs. N. Thompson'. Um optimales Wachstum und Blütenfülle zu erreichen, ist eine gute Ernährung und Bewässerung in den Sommermonaten nötig. Dies gilt besonders für die Gefäßkultur. Im Garten ausgepflanzte Clematis sind nach wenigen Jahren etabliert und bedürfen wenig Pflege.

Je nach Art bzw. Sorte benötigen Clematis einen entsprechenden Platz, um sich optimal zu entwickeln. Clematis brauchen viel Licht und Raum nach oben, eventuell muss etwas Platz geschaffen werden.

Der Boden – humos und nährstoffreich

Clematis lieben einen humosen, nährstoffreichen und tiefgründigen Boden. Der Säuregehalt (pH-Wert) sollte schwach sauer sein, d. h. bei fünf bis sechs liegen. In einem solchen Boden fühlen sich Clematis sehr wohl. Ist der Boden deutlich saurer, kann mit etwas Gartenkalk aufgekalkt werden. Das gilt besonders für die Wildarten von *Clematis alpina*, *Clematis montana*, *Clematis tibetana/orientalis* und *Clematis vitalba*. Sie vertragen höhere Kalkgehalte. Aber auch in anderen Böden bringen Clematis noch sehr gute Ergebnisse, sie sind wahre Künstler der Anpassung. Manchmal kann es jedoch zwei Jahre dauern, bis sie sich gut angepasst und die nötige Wurzelmenge für ein starkes und gesundes Wachstum entwickelt haben.

Düngen – so geht's

Eine Startdüngung im Frühjahr (März/April) mit einem handelsüblichen Volldünger ist ratsam. Er muss früh ausgebracht werden, denn Clematis beginnen schon im März mit ihrem Wachstum. Später, während des Sommers, sind weitere Düngergaben notwendig. Organische Dünger können schon im späten Herbst des Vorjahres eingearbeitet werden. Die Nährsubstanz steht dann im Frühjahr zur Verfügung. Mineralische Dünger wirken deutlich schneller und werden erst im Frühjahr gegeben. Ob man organische-, mineralische-, Mischdünger, Nährsalze, Flüssigdünger oder Depotdünger verwendet, ist letztendlich nicht ausschlaggebend für den Erfolg. Eine Düngung, in welcher Form auch immer, sollte man aber grundsätzlich nur auf feuchtem Boden durchführen.

Jeder Gartenbesitzer, der Sträucher, Stauden, Sommerblumen oder Rosen im Garten hat, verfügt meist schon über eigene Erfahrungen mit unterschiedlichen Düngern. Diese Erfahrungen sind auch bei Clematis sehr hilfreich und können hier angewendet werden. Jeder Gartenfreund „schwört auf seinen Dünger". Die einzelnen Dünger wirken unterschiedlich lange und werden dementsprechend verabreicht. Wichtig ist es, die Düngemittel nach Herstellerangaben umweltgerecht einzusetzen. Das sollte eine Selbstverständlichkeit sein.

Wasserbedarf – von trocken bis feucht

Die meisten Clematis benötigen einen gut feuchten Boden. Viele Arten vertragen schadlos eine Menge Wasser. Andauernde Staunässe ist aber auf jeden Fall zu vermeiden! *Clematis alpina* und *Clematis montana* dürfen gerne etwas trockener stehen. Sie wurzeln flach und erreichen kaum tiefere und feuchte Bodenschichten. Diese Arten leiden in einem trockenen Sommer auch deutlich an Wassermangel und welken am Tage leicht. Man muss jedoch nicht gleich in Panik verfallen und sofort mit viel Wasser dem entgegenwirken. Im Gegenteil, eine „Durststrecke" fördert die Winterhärte und den Ansatz von Blütenknospen für das kommende Frühjahr.

C. viticella *'Venosa Violacea' ist eine Sorte, die vielseitig einsetzbar ist, sicher zum Blühen kommt und auch kleine Kulturfehler verzeiht.*

C. serratifolia *'Golden Tiara®'™ wächst gut und blüht sicher. Für den Anfänger ein echtes Erfolgserlebnis bei sonniger Platzierung.*

Deutlich tiefer wurzeln *Clematis*-Hybriden, *Clematis viticella* und *Clematis integrifolia*. Die Wurzeln können Tiefen bis zu 1,50 m erreichen. In einem trockenen Sommer erreichen diese Wurzeln noch feuchte Bodenschichten. Für Wassergaben sind sie dennoch dankbar und belohnen Ihre Mühe mit noch mehr Blüten. Clematis, die in einem Gefäß gehalten werden, benötigen im Sommer regelmäßige Wassergaben. Im Winter sollte man sie nicht ganz austrocknen lassen. An frostfreien Wintertagen kann auch hier etwas gegossen werden.

Clematis-Pflege mit Garantie

Zur regelmäßigen Pflege gehört auch das Entfernen von verblühten Blüten, gelben Blättern und beschädigten Pflanzenteilen. Scheuen Sie sich nicht, auch einmal einen gesunden Trieb etwas einzukürzen oder zurückzuschneiden. Schon nach kurzer Zeit erscheinen wieder Blüten.

Im Sommer sollte man besonders auf Schädlingsbefall achten (siehe Seite 20/21).

Rückschnitt leicht gemacht

Clematis-*Hybride 'Dawn' (Rückschnittgruppe 2) hellt dunkle Ecken mit* Hemerocallis *'Gentle Chepert' und* Iberis sempervirens *auf.*

Clematis werden in drei verschiedene Rückschnittgruppen eingeteilt. Die Rückschnittgruppen korrespondieren mit den Blütezeiten der Clematis. Es ist nicht schwer, dies zu lernen. Eine einfache Regel gibt Hilfestellung: Je später die Blüte, desto tiefer der Rückschnitt. Bleibt die Frage, was spät und was früh ist? Auch hier eine einfache Regel: Früh ist eine Blütezeit vor dem 1. Juni und spät ist eine Blütezeit nach dem 10. Juni.

Rückschnittgruppe 1 – kein Rückschnitt im Herbst

Nicht zurückschneiden, richtiger hieße es, nicht im Herbst zurückschneiden! In diese Gruppe gehören alle Clematis der Alpina- oder der Montana-Familie. Sie blühen schon sehr früh (April/Mai) aus den Blattachseln der Vorjahrestriebe, d. h. die Frühjahrsknospen werden bereits im Sommer und Herbst des Vorjahres angelegt, am sogenannten „alten Holz" (Herbstrückschnitt würde bedeuten, alle Blütenknospen sind dahin!).

Was ist zu tun, wenn einmal ein Rückschnitt nötig wird, um einem Vergreisen der Clematis vorzubeugen? Dann schneidet man diese Clematis gleich nach der Blütezeit auf das gewünschte Maß zurück, das ist in der Regel der Monat Mai für *Clematis alpina* und Juni für *Clematis montana*. Ein Teilrückschnitt ist auch möglich.

Rückschnittgruppe 2 – leichter Rückschnitt für Zweimal-Blüher

Diese Schnittkategorie trifft nur für die großblütigen Hybriden zu, die zweimal blühen, also eine Blütezeit Mai/Juni und August/September haben. Der leichte Rückschnitt kann von November bis Februar durchgeführt werden. Es sollte ein frostfreier Tag sein.

Diese Clematis haben etwas von den beiden anderen Gruppen, zumindest was den Rückschnitt angeht. Sie blühen schon früh an den Kurztrieben, die dem alten Holz entspringen. Nach der ersten Blüte werden neue, junge Triebe gebildet, die in die Länge wachsen, um schließlich im August zu blühen. Langsam aber sicher vergreisen solche Pflanzen von Jahr zu Jahr mehr und die alten, unansehnlichen Triebe werden zusehends mehr. Nur ein tiefer beherzter Rückschnitt kann da helfen. Den sollte man alle vier bis fünf Jahre im Winter durchführen. Zwar fällt somit der Frühjahrsflor für das folgende Jahr geringer aus, aber Ihre Clematis bleibt damit viele Jahre vital und wüchsig. Die meisten gefüllt blühenden Clematis gehören dieser Kategorie an.

Fällt die zweite Blüte im Sommer zu spärlich aus, liegt dies an den zahlreichen Samenständen, die nach der ersten Blüte gebildet werden und der Clematis viel Kraft für neue Trieb-, Knospen- und Blütenbildung nehmen. Entfernen Sie daher nach der ersten Blüte die Fruchtstände zusammen mit dem darunter liegenden Blattpaar. Dann treibt Ihre Clematis wieder freudig aus und wird in ca. acht Wochen erneut üppig blühen.

Rückschnittgruppe 3 – kräftiger Rückschnitt im November/Dezember

Wie anfangs kurz angesprochen, werden alle Clematis, die nach dem 10. Juni blühen, alljährlich sehr tief zurückgeschnitten. Tief zurückschneiden bedeutet ca. 20 bis 30 cm über dem Erdboden bei jungen Pflanzen. Ältere Pflanzen schneidet man auf 20 bis 50 cm zurück. Wer viel Mut aufbringt, kann seine Clematis auch bodengleich oder bis auf 5 cm zurückschneiden. Auch dieser Rückschnitt sollte an einem frostfreien Tag von November bis Februar durchgeführt werden. Bei allen Clematis dieser Rückschnittgruppe lässt sich die Blütezeit verzögern, d.h. nach hinten verschieben. Man kann die jungen, weichen Triebe, die im Frühjahr erscheinen, erneut zurückschneiden (pinzieren). Das führt man ca. vier bis sechs Wochen nach dem Frühjahresaustrieb durch (April/Mai). Schon nach zwei bis drei Wochen erscheinen erneut junge Triebe, jetzt in größerer Anzahl. Damit verzögert sich die normale Blütezeit um vier bis sechs Wochen. Das kann blütenarme Zeiten in Garten überbrücken oder es kann ein bestimmter Blühtermin vorgesehen werden.

Rückschnittgruppe 2/3

So bezeichnete Sorten können sowohl in die eine oder andere Schnittgruppe eingeordnet werden.

Aufbauschnitt

Um später eine gut verzweigte Clematis-Pflanze zu bekommen, ist ein Aufbauschnitt im Pflanzjahr zu empfehlen. Das gilt unabhängig von den Rückschnittgruppen. Nur wenige Ausnahmen benötigen keinen Aufbauschnitt, z. B. alle Staudenclematis. Schneiden Sie Ihre Clematis am besten Anfang Dezember zurück, dann treiben auch die "schlafenden Augen" im Frühjahr mit aus.

Rückschnitt auf einen Blick

Rückschnitt 1

- Rückschnitt nach der Blütezeit im April/Mai, die Pflanze hat genug Zeit, neue Knospen zu bilden
- nicht im Herbst zurückschneiden, da die Knospen im Sommer und Herbst im Jahr vor der Blüte bereits gebildet werden (am sogenannten „alten Holz")
- Teilschnitt möglich: einen Teil der Triebe stehen lassen, einen Teil etwas einkürzen, die anderen Triebe tief zurückschneiden (also drei Stufen im Abstand von 60 bis 80 cm)
- in diese Gruppe gehören alle Clematis der Alpina- und Montana-Familie

Clematis japonica

Rückschnitt 2

- leichter Rückschnitt (alle Triebe um die Hälfte einkürzen; ca. 70 bis 100 cm über dem Erdboden) im November/Dezember (Februar)
- starker Rückschnitt im Winter, alle vier bis fünf Jahre, um einem Verkahlen vorzubeugen. Frühjahrsblüte fällt dann geringer aus
- bei spärlicher Sommerblüte die Fruchtstände bei Bedarf entfernen
- in diese Gruppe gehören alle großblütigen Hybriden, die zweimal blühen

Clematis-Hybride 'Boskoop Beauty'

Rückschnitt 3

- Rückschnitt auf 20 bis 30 cm über dem Erdboden im November/Dezember
- Blüten werden nicht am alten Holz gebildet, deshalb ist ein Winterschnitt möglich
- unterlassener Rückschnitt führt zum Verkahlen der Pflanze und es werden nur noch schwer Blüten ausgebildet
- in diese Gruppe gehören alle Clematis, die ausschließlich im Sommer blühen

C. viticella 'Kaaru'

Krankheiten und Schädlinge

C. alpina *'Frances Rivis'. Alle Alpina's werden nicht von Mehltau und der gefürchteten Clematiswelke heimgesucht.*

An Clematis können verschiedene Pilzerkrankungen vorkommen: Echter Mehltau, Falscher Mehltau, Grauschimmel und die gefürchtete Clematiswelke (*Phoma*). Die beiden Mehltauvarianten und auch der Grauschimmel sind verhältnismäßig leicht mit herkömmlichen Fungiziden (Pflanzenschutzmittel zur Abtötung von Pilzen) zu bekämpfen. Mittel, die z. B. bei Rosen eingesetzt werden, sind in den meisten Fällen auch für andere Zierpflanzen und Clematis zugelassen. Ich nenne an dieser Stelle bewusst keine einzelnen Präparate, weil unsere Gesetzgebung, was Pflanzenschutzmittel angeht, sich sehr schnell ändert und die strengen Umweltauflagen zu beachten sind.

Clematiswelke an großblütigen Hybriden

Clematiswelke ist nur unzureichend zu bekämpfen. Sie befällt vorwiegend die großblütigen Hybriden, äußerst selten die botanischen Arten, deren Sorten oder Kulturformen. Clematiswelke ist weit verbreitet. Sie beginnt in fast allen Fällen mit kleinen unförmigen Blattflecken, die braun-schwarz verfärbt sind und sich schnell vergrößern. Ein Befall fängt meistens an der Unterseite der unteren, alten Blätter an, kann aber auch über Wurzeln oder Stängel eindringen. Wasser und Beschädigungen jeglicher Art beschleunigen die Infektion.

Clematiswelke bei Hybriden.

Um dieser Krankheit Herr zu werden, gibt es folgende Maßnahmen: Halten Sie, wo es möglich ist, das Laub trocken. Pflanzen Sie nicht ohne vorigen Bodenaustausch erneut eine Clematis an derselben Stelle ein, es sei denn, es ist eine botanische Art. Hohe Temperaturen (über 20 °C) spielen bei der Infektion ebenfalls eine wesentliche Rolle. Ein Erstbefall kann durch Entfernen der befallenen Blätter eingedämmt werden. Eine vorbeugende Bekämpfung ist mit chemischen Mitteln möglich, die auch gegen andere Blattflecken zugelassen sind. Eine befallene Pflanze bedeutet nicht den Totalausfall, sie treibt meistens wieder aus. Das trifft auf 90 % aller Fälle zu.

Profi Tipp von mein schöner Garten

Mit Nützlingen und optimalen Kulturbedingungen wird Chemie auf ein Minimum beschränkt. Das sind gute Voraussetzungen für einwandfreie Clematis-Pflanzen.

Blattläuse, Zikaden & Co.

Schädlinge an Clematis sind weitaus häufiger als Pilzerkrankungen. Neben vielen „alten Bekannten" haben wir es jüngst auch mit „neuen" Schädlingen zu tun. Bekannt sind: Blattläuse, Spinnmilben, Weiße Fliege, Ohrwürmer, Schnecken, Raupen und Thrips. Ihre Bekämpfung ist mit einigen Nützlingen und chemischen Pflanzenschutzmitteln aus dem Fachhandel möglich. Neu dagegen zu beobachten sind: Blütenwanzen, Zika-

C. integrifolia *'Sizaja Ptitza' wurde schon früh in der Knospe von Blütenwanzen geschädigt, gut zu erkennen an den unförmigen Blütenblättern.*

den oder Miniermottenlarven, an einigen Clematis-Pflanzen in unseren Gärten.

Blütenwanzen stechen die jungen Knospen der Clematis an und die Blüte entwickelt sich folglich nur unvollständig, sie erscheint verkrüppelt und farblos. Ähnliche Schadbilder können auch auf einen Befall von Zikaden hinweisen. Hier treten die Verkrüppelungen aber deutlicher an den Blättern auf. Sie sind beulig oder blasig nach unten gebogen.

Verschiedene Miniermotten- oder Minierfliegenlarven schädigen die Blätter einiger großblättriger Clematis-Sorten. Bevorzugt werden auch duftende Clematis befallen. Es sind helle, 3 bis 4 cm lange, sich schlängelnde Fraßgänge, die eben unter der Blattoberfläche sichtbar werden. An Wildkräutern, besonders Korbblütlern wie z. B. Löwenzahn, sind Minierfliegen weit verbreitet. Auch hier helfen verschiedene Insektizide (Insektenbekämpfungsmittel) aus dem Fachhandel.

Unterschätzt – Schäden durch Wühlmäuse

Immer häufiger höre ich von Schädigungen durch diese Nager. Es ist nicht leicht zu unterscheiden, ob es wirklich Wühlmäuse oder die unter Naturschutz stehenden Maulwürfe sind. Wühlmäuse fressen die unterirdischen Pflanzenteile ab, wie Wurzeln oder Teile der Wurzeln. Die Pflanzen kümmern dann oder wachsen nicht mehr richtig, gut wachsende Pflanzen kommen plötzlich ins Stocken. Sind die Wurzeln ganz oder teilweise abgefressen, sehen sie welk aus und man kann sie ohne Mühe aus der Erde herausziehen. Mit Fertigködern oder Mausefallen mit vegetarischen Ködern sind diese Feinde zu bekämpfen.

Gelegentlich tritt bei Clematis Eisenmangel (Chlorose) auf. Auch hier stehen verschiedene Mittel zur Verfügung.

Tierische Schädlinge

Blütenthrips (Blasenfüße) schädigen im Hochsommer die Blütenblätter. Man erkennt punktförmige, unregelmäßige, kleine weiße Flecken.

Unregelmäßiger Lochfraß an Clematis-Blättern (gelegentlich auch an Blüten), verursacht durch Raupen während der Sommermonate.

Spinnmilben saugen an der Blattunterseite. Die Blätter werden punktförmig weißlich/gelblich, später braun und sterben letztlich ab.

Schnecken können große Schäden an Clematis verursachen. Sie befallen nachts Knospen oder Blüten.

Fehler vermeiden – Erfolg sichern

Clematis 'Rouge Cardinal' mit der Kletterrose 'Sombreul', ist eine gelungene Kombination, die in Größe, Farbe und Habitus perfekt aufeinander abgestimmt ist.

Der erste Schritt zum Clematis-Erfolg ist eine gute Beratung von Fachleuten oder entsprechende Literatur. Clematis sind sehr vielseitig zu verwenden. Dementsprechend sollte man die Empfehlungen über Pflanzung und Pflege unbedingt beachten.

Wie fängt man richtig an?

Bevor Sie sich eine oder mehrere Clematis anschaffen, sollten Sie sich darüber im Klaren sein, was mit dem Gartenneuling nach dem Einpflanzen passiert. Man sucht zuerst den Platz im Garten oder auf der Terrasse aus. Als Nächstes muss festgelegt werden, wie viel Platz zur Verfügung steht, ob es sich um einen sonnigen oder eher schattigen Platz handelt und welche Farbe infrage kommt, denn die Clematis soll schließlich auch zur Umgebung passen. Die Porträts auf Seite 26 bis 45 enthalten alle wichtigen Angaben. Bedenken Sie folgende Regeln: dunkle Blüten haben weniger Fernwirkung als helle Blüten, Sorten mit kleinen Blüten blühen reicher und sind sehr gesund.

Schon beim Kauf einer Clematis sollte man darauf achten, dass das Wurzelwerk in Ordnung ist. Es müssen viele weiße Wurzelspitzen zu sehen sein, das ist ein positives Zeichen für junge, wüchsige Pflanzen. Das Laub im Sommer sollte dunkelgrün und nicht beschädigt sein, man darf keine Blattflecken sehen. Der Stab sollte nicht lose und die Triebe nicht eingeknickt sein. Fassen Sie eine Clematis immer am Topf an, nie oben am Stab. Wässern Sie die neue Pflanze erst bevor sie eingepflanzt wird. Nach dem Einpflanzen ist besonders auf Schnecken zu achten, denn gerade junge Clematis sind sehr gefährdet. Für die meisten Clematis ist nach der Pflanzung (ca. 7 bis 10 cm cm tiefer als sie im Topf standen) kein zusätzlicher Winterschutz nötig. Bei den wenigen Ausnahmen kann eine Laubschütte, eine Schicht aus Stroh oder eine Schicht aus Rindenmulch, hilfreich sein. Rindenmulch eignet sich gut zum Abdecken der Pflanzstelle und ist sehr dekorativ. Verwenden Sie am besten Pinienrinde, da sie sehr langlebig ist. Wenn Sie

C. 'Piilu' gefüllt blühend

C. 'Yukiokoshi', luxuriert

Clematis chrysocoma, *zeigt nicht nur im Frühjahr Hunderte von zartrosa Blüten, sie erfreut uns auch mit attraktiver Belaubung und Herbstfärbung.*

eine Röhre von 5 bis 10 cm Durchmesser und ca. 40 cm Länge mit in das Pflanzloch einbringen, kann später dorthinein gegossen und gedüngt werden. Wasser und Dünger sind dann sofort in Wurzeltiefe (siehe auch S. 14/15). Nicht ausschlaggebend für eine Qualitätspflanze sind die Anzahl der Triebe, die Pflanzlänge oder die Topfgröße. Solche Faktoren spielen eher eine untergeordnete Rolle.

Bepflanzen Sie die Füsse nicht!

Leider ist die alte Binsenweisheit, dass etwas zu Füßen gepflanzt werden muss, zu sehr verbreitet und kaum aus den Köpfen der Menschen zu bekommen – aber es schadet den neu gepflanzten Clematis nur. Durch Wurzelkonkurrenz kann sich die junge Clematis nur schwer etablieren. Damit nicht genug, die Fußpflanze entzieht Wasser und Nährstoffe. Ein weiterer Nachteil ist, dass Schnecken zusätzlichen Unterschlupf finden.

Bodenmüdigkeit kennt man bei Clematis nicht. Bei einer erneuten Clematis-Pflanzung sind Wuchsdepressionen praktisch ausgeschlossen. Erdaustausch empfiehlt sich erst, wenn eine Clematis einmal wegen Clematiswelke entgültig ausgeblieben ist (siehe auch Seite 20).

Profi Tipp von mein schöner Garten

Zahlreiche Clematis-Blüten können als Schnittblume verwendet werden, insbesondere die Artengruppe der Integrifolia-Hybriden. Die Haltbarkeit liegt bei sieben bis zehn Tagen und wird verbessert, indem man ein Blattpaar mit abschneidet und in die Vase stellt.

Kletterhilfen

Halten Sie sich an die Schnittregeln, denn das optimiert eine Clematis. Die kletternden Formen der Clematis benötigen Kletterhilfen. Diese können sehr unterschiedlich aussehen, und wer etwas kreativ ist, fertigt selbst geeignete Hilfsmittel an. Die Materialien

Hat eine Clematis so viele weiße Wurzelspitzen, dann ist sie kerngesund. Das ist Vorraussetzung für einen guten Start in ein langes Clematis-Leben.

dafür erhält man in jedem Baumarkt oder Gartencenter. Von Natur aus nutzen Clematis Bäume oder Sträucher als Kletterhilfen. Wo es keine Kletterhilfen gibt, wachsen sie am Erdboden entlang.

Mit etwas Hilfe können Clematis gut gelenkt werden. Während der Hauptwachstumszeit sollten die Clematis hin und wieder angebunden bzw. aufgebunden werden. Dazu verwendet man Material, das nicht stark einschnürt, z. B. Bast. Besonders im Frühsommer wachsen Clematis sehr schnell, es können 15 bis 20 cm pro Tag sein.

Vermehrung von Clematis

Clematis-*Hybriden 'Pribaltika' sind als Veredelungen schnell aus den „Kinderschuhen" heraus und bilden schon im zweiten Jahr zahlreiche Blüten aus.*

Clematis werden im Erwerbsgartenbau hauptsächlich durch Stecklinge vermehrt. Stecklinge können vom Frühjahr bis zum Sommer geschnitten werden. Es gibt eine Grundvoraussetzung, um Clematis-Stecklinge zur Bewurzelung zu bringen. Es muss „gespannte Luft" vorhanden sein. Das bedeutet, dass die frischen Stecklinge ständig bei einer hohen Luftfeuchtigkeit (luftdichtes Folienzelt mit 96 bis 100 % Luftfeuchtigkeit) und mäßig warmer Temperatur von 22 bis 24 °C gehalten werden. Dennoch werden sie täglich etwas gelüftet. Direkte Sonneneinstrahlung ist zu vermeiden. Die Bewurzelungszeit dauert zwei bis sechs Wochen, je nach Art oder Sorte. Als Substrat verwendet man torfhaltige Erde, die wenig oder nicht aufgedüngt ist. Während der ganzen Zeit muss für gute Feuchtigkeit gesorgt werden. Wildarten bewurzeln besser und schneller als Hybriden.

Auch können Clematis durch Veredelung vermehrt werden. Das ist sehr aufwendig und ähnelt der Stecklingsvermehrung. Nur einige wenige Fachbetriebe können heute noch Clematis mit großem Erfolg veredeln. Man spricht von einer Ammen-Veredelung.

Absenker – einfach und sicher

Um auf der sicheren Seite zu sein, sollte der Hobbygärtner Clematis durch Absenker vermehren. Diese Methode dauert zwar etwas länger, funktioniert aber zu hundert Prozent. Absenker werden im Sommer heruntergebogen und an der Erde befestigt. Im Herbst oder im kommenden Frühjahr können Sie dann die neue, bewurzelte Pflanze abtrennen und umsetzen. Staudenclematis lassen sich nach dem dritten Standjahr auch gut teilen.

Aussäen mit Geduld

Aussaat kommt für einige botanische Arten infrage. Gut aussäen lassen sich *Clematis tangutica*, *Clematis vitalba* und *Clematis integrifolia*. Die Keimdauer liegt zwischen drei Wochen und kann bis zu 12 Monate dauern. Einige Clematis sind Kaltkeimer (Frostkeimer) und benötigen den Winter, um dann im Frühjahr aufzulaufen.

Vermehrung durch Absenker

1

Im Sommer, wenn die Triebe noch weich sind, biegen Sie vorsichtig einen Trieb herunter und befestigen ihn in einem Blumentopf, der am Grunde der Mutterpflanze eingesenkt ist.

2

Bewurzelung geht am Nodium (Blattansatz mit Augen) am schnellsten. Später, wenn die neuen Wurzeln im Topf gebildet sind, brauchen Sie den Trieb nur noch von der Mutterpflanze abtrennen.

Porträts

Clematis-Hybriden

Hauptblütezeit Mai/Juni, mit Nachblüte im August/September

'Anna Herman'

Blütengröße: 14–16 cm
Blütezeit: V/VI u. VIII/IX
Wuchshöhe: 2–3 m
Rückschnittgruppe: 2
Winterhärte: sehr gut
Kübel & Gefäße: ✓
Besonderes: gute Fernwirkung

'Asao'

Blütengröße: 15 cm
Blütezeit: V/VI u. VIII/IX
Wuchshöhe: 2,5 m
Rückschnittgruppe: 2
Winterhärte: sehr gut
Kübel & Gefäße: ✓
Besonderes: im Frühjahr halb gefüllt blühend

'Carnaby'

Blütengröße: 14 cm
Blütezeit: V/VI u. VIII/IX
Wuchshöhe: 2,2 m
Rückschnittgruppe: 2
Winterhärte: gut
Kübel & Gefäße: ✓
Besonderes: sehr farbintensiv

'Corona'

Blütengröße: 14 cm
Blütezeit: V/VI u. VIII/IX
Wuchshöhe: 2–3 m
Rückschnittgruppe: 2
Winterhärte: gut
Kübel & Gefäße: ✓
Besonderes: sehr farbintensiv im Frühjahr

'Dr. Ruppel'

Blütengröße: 16 cm
Blütezeit: V/VI u. VIII/IX
Wuchshöhe: 2,5 m
Rückschnittgruppe: 2
Winterhärte: sehr gut
Kübel & Gefäße: ✓
Besonderes: die Nr. 1 aller zweifarbigen Sorten

'Elsa Späth' (= 'Xerxes')

Blütengröße: 12–14 cm
Blütezeit: V/VI u. VIII/IX
Wuchshöhe: 2–3 m
Rückschnittgruppe: 2
Winterhärte: sehr gut
Kübel & Gefäße: ✓
Besonderes: sehr gesund, gute Fernwirkung

'Fair Rosamond'

Blütengröße: 12–14 cm
Blütezeit: V/VI u. VIII/IX
Wuchshöhe: 2–3 m
Rückschnittgruppe: 2
Winterhärte: gut
Kübel & Gefäße: ✓
Besonderes: Südlagen meiden, Liebhabersorte

'Frau Mikiko'

Blütengröße: 16 cm
Blütezeit: V/VI u. VIII/IX
Wuchshöhe: 2,5 m
Rückschnittgruppe: 2
Winterhärte: sehr gut
Kübel & Gefäße: ✓
Besonderes: sehr gesunde und farbintensive Sorte

'H.F. Young'

Blütengröße: 14–16 cm
Blütezeit: V/VI u. VIII/IX
Wuchshöhe: 2,5 m
Rückschnittgruppe: 2
Winterhärte: gut
Kübel & Gefäße: ✓
Besonderes: sehr reichblühend, gute Fernwirkung

'Ideal'

Blütengröße: 16–18 cm
Blütezeit: V/VI u. VIII/IX
Wuchshöhe: 2–3 m
Rückschnittgruppe: 2
Winterhärte: sehr gut
Kübel & Gefäße: ✓
Besonderes: sehr großblumige Sorte

'Ivan Olsson'

Blütengröße: 14–16 cm
Blütezeit: V/VI u. VIII/IX
Wuchshöhe: 1,8–2,2 m
Rückschnittgruppe: 2
Winterhärte: sehr gut
Kübel & Gefäße: ✓
Besonderes: schön für Hintergrundbepflanzungen

'Janis Ruplens Nr. 1'

Blütengröße: 14 cm
Blütezeit: V/VI u. VIII/IX
Wuchshöhe: 1,6–2 m
Rückschnittgruppe: 2
Winterhärte: sehr gut
Kübel & Gefäße: ✓
Besonderes: Blüten mit starkem Kontrast

'Königskind'

Blütengröße: 10–12 cm
Blütezeit: V/VI u. VIII/IX–X
Wuchshöhe: 1,5 m
Rückschnittgruppe: 2/3
Winterhärte: gut
Kübel & Gefäße: ✓
Besonderes: blüht lange

'Miss Bateman'

Blütengröße: 12–14 cm
Blütezeit: V/VI u. VIII/IX
Wuchshöhe: 1,8–2,5 m
Rückschnittgruppe: 2
Winterhärte: gut
Kübel & Gefäße: ✓
Besonderes: niedrige Sorte, auffällige Staubgefäße

'Mme Le Coultre'
(='Mevrouw Le Coultre')
Blütengröße: 18 cm
Blütezeit: VI u. VIII/IX
Wuchshöhe: 2,5–3,5 m
Rückschnittgruppe: 2/3
Winterhärte: sehr gut
Kübel & Gefäße: ✓
Besonderes: sehr wüchsige, gesunde, weiße Sorte

'Piilu'

Blütengröße: 8–10 cm
Blütezeit: VI u. VIII/IX
Wuchshöhe: 1,5–2 m
Rückschnittgruppe: 2/3
Winterhärte: sehr gut
Kübel & Gefäße: ✓
Besonderes: Zwergsorte, sehr reichblühend

'Pink Champagne'

Blütengröße: 12–14 cm
Blütezeit: V/VI u. VIII/IX
Wuchshöhe: 2,5 m
Rückschnittgruppe: 2
Winterhärte: sehr gut
Kübel & Gefäße: ✓
Besonderes: gesunde, farbintensive Sorte aus Japan

'Pink Fantasy'

Blütengröße: 14 cm
Blütezeit: V/VI u. VIII/IX
Wuchshöhe: 2,2 m
Rückschnittgruppe: 2/3
Winterhärte: sehr gut
Kübel & Gefäße: ✓
Besonderes: einzige lachsrosa blühende Sorte

'Radost'

Blütengröße: 12–14 cm
Blütezeit: V/VI u. VIII/IX
Wuchshöhe: 2,5–3,5 m
Rückschnittgruppe: 2
Winterhärte: sehr gut
Kübel & Gefäße: ✓
Besonderes: sehr winterharte Sorte

'Red Pearl'

Blütengröße: 14–16 cm
Blütezeit: V/VI u. VIII/IX
Wuchshöhe: 1,8–2,2 m
Rückschnittgruppe: 2
Winterhärte: sehr gut
Kübel & Gefäße: ✓
Besonderes: sehr gesunde, rot blühende Sorte

'Roogoja'

Blütengröße: 16–20 cm
Blütezeit: V/VI u. VIII/IX
Wuchshöhe: 1,5–2 m
Rückschnittgruppe: 2
Winterhärte: sehr gut
Kübel & Gefäße: ✓
Besonderes: reichblühende, großblumige, weiße Sorte

'Sir Garnet Wolseley'

Blütengröße: 12–15 cm
Blütezeit: V/VI u. VIII/IX
Wuchshöhe: 1,8–2,5 m
Rückschnittgruppe: 2
Winterhärte: gut
Kübel & Gefäße: ✓
Besonderes: blüht ab Anfang Mai, früheste Hybride

'Special Occasion'

Blütengröße: 14–16 cm
Blütezeit: V/VI u. VIII/IX
Wuchshöhe: 1,8–2,5 m
Rückschnittgruppe: 2
Winterhärte: sehr gut
Kübel & Gefäße: ✓
Besonderes: sehr aparte Clematis-Sorte

'Will Goodwin'

Blütengröße: 14–16 cm
Blütezeit: V/VI u. VIII/IX
Wuchshöhe: 1,8–2,2 m
Rückschnittgruppe: 2
Winterhärte: gut
Kübel & Gefäße: ✓
Besonderes: hellblaue Sorte mit gewelltem Blütenrand

Gefüllt blühende *Clematis*-Hybriden

Hauptblütezeit Mai/Juni, mit Nachblüte im August/September

'Beauty of Worcester'

Blütengröße: 14–16 cm
Blütezeit: V/VI u. VIII/IX
Wuchshöhe: 2,5–3,5 m
Rückschnittgruppe: 2
Winterhärte: gut
Kübel & Gefäße: ✓
Besonderes: großblumige, gefüllt blühende Sorte

'Chalcedony'

Blütengröße: 14 cm
Blütezeit: V/VI u. VIII/IX
Wuchshöhe: 2,5 m
Rückschnittgruppe: 2
Winterhärte: sehr gut
Besonderes: gefüllt blühende Sorte, schimmert grünlich (luxuriert)

'Countess of Lovelace'

Blütengröße: 10–14 cm
Blütezeit: V/VI u. VIII/IX
Wuchshöhe: 2–3 m
Rückschnittgruppe: 2
Winterhärte: gut
Kübel & Gefäße: ✓
Besonderes: sehr gute blaue, gefüllte Sorte

'Duchess of Edinburgh'

Blütengröße: 12 cm
Blütezeit: V/VI u. VIII/IX
Wuchshöhe: 2,5 m
Rückschnittgruppe: 2
Winterhärte: gut
Kübel & Gefäße: ✓
Besonderes: gefüllt blühend, luxuriert

'Jackmanii Alba'

Blütengröße: 12–14 cm
Blütezeit: V/VI u. VIII/IX
Wuchshöhe: 2,8–4 m
Rückschnittgruppe: 2
Winterhärte: gut
Besonderes: stark wüchsig, gefüllt blühende Sorte

'Multi Blue'

Blütengröße: 8–12 cm
Blütezeit: V/VI u. VIII/IX
Wuchshöhe: 1,8–2,8 m
Rückschnittgruppe: 2
Winterhärte: gut
Kübel & Gefäße: ✓
Besonderes: gefüllt blühende Sorte

'Sylvia Denny'

Blütengröße: 12–14 cm
Blütezeit: V/VI u. VIII/IX
Wuchshöhe: 2,2–3 m
Rückschnittgruppe: 2
Winterhärte: gut
Kübel & Gefäße: ✓
Besonderes: glänzende Belaubung

'Yukiokoshi'

Blütengröße: 10–14 cm
Blütezeit: V/VI u. VIII/IX
Wuchshöhe: 1,5–2,5 m
Rückschnittgruppe: 2
Winterhärte: sehr gut
Kübel & Gefäße: ✓
Besonderes: gefüllte Blüten, luxuriert sehr stark

Clematis-Hybriden

Hauptblütezeit Juli, August und September

'Aleksandrit'

Blütengröße: 10–14 cm
Blütezeit: VI–IX
Wuchshöhe: 2,5–3 m
Rückschnittgruppe: 3
Winterhärte: sehr gut
Kübel & Gefäße: ✓
Besonderes: auffällige hellrote Farbe

'Ascotiensis'

Blütengröße: 12–14 cm
Blütezeit: VI–IX
Wuchshöhe: 2,5–3,5 m
Rückschnittgruppe: 3
Winterhärte: sehr gut
Kübel & Gefäße: ✓
Besonderes: sehr gesunde Sorte mit langer Blütezeit

'Ashva'

Blütengröße: 7–9 cm
Blütezeit: VI–IX
Wuchshöhe: 1,2–1,8 m
Rückschnittgruppe: 3
Winterhärte: sehr gut
Kübel & Gefäße: ✓
Besonderes: Zwergsorte mit gewelltem Blütenrand

'Comtesse de Bouchaud'

Blütengröße: 10–14 cm
Blütezeit: VI–IX
Wuchshöhe: 2,5 m
Rückschnittgruppe: 3
Winterhärte: sehr gut
Kübel & Gefäße: ✓
Besonderes: sehr gesunde, reichblühende, rosa Sorte

'Hagley Hybrid'

Blütengröße: 12–14 cm
Blütezeit: VI–IX
Wuchshöhe: 2,5 m
Rückschnittgruppe: 3
Winterhärte: sehr gut
Kübel & Gefäße: ✓
Besonderes: robuste Sorte, gut für Anfänger

'Huldine'

Blütengröße: 6–8 cm
Blütezeit: VII/VIII–IX
Wuchshöhe: 3–4,5 m
Rückschnittgruppe: 3
Winterhärte: gut
Besonderes: tiefer Rückschnitt ist wichtig, für Südlagen bestens geeignet

'Jackmanii'

Blütengröße: 12–14 cm
Blütezeit: VI/VII–IX
Wuchshöhe: 2,5–3,5 m
Rückschnittgruppe: 3
Winterhärte: sehr gut
Besonderes: blau-violette Hauptsorte, unübertroffen reichblühende Hybride

'John Huxtable'

Blütengröße: 10–12 cm
Blütezeit: VII–IX
Wuchshöhe: 2,5 m
Rückschnittgruppe: 3
Winterhärte: gut
Kübel & Gefäße: ✓
Besonderes: reinweiße Sorte, seidiges Laub

'Justa'

Blütengröße: 6–8 cm
Blütezeit: VI–IX
Wuchshöhe: 1,2–1,8 m
Rückschnittgruppe: 3
Winterhärte: sehr gut
Kübel & Gefäße: ✓
Besonderes: Zwergsorte, überreich blühend

'Miniseelik'

Blütengröße: 5–7 cm
Blütezeit: VI–VIII
Wuchshöhe: 1,2–1,5 m
Rückschnittgruppe: 3
Winterhärte: sehr gut
Kübel & Gefäße: ✓
Besonderes: ausgesprochene Zwergsorte

'Monte Cassino'

Blütengröße: 14–16 cm
Blütezeit: VII–IX
Wuchshöhe: 2,5–3 m
Rückschnittgruppe: 3
Winterhärte: sehr gut
Besonderes: neue und sehr gesunde Sorte aus Polen

'Rahvarinne'

Blütengröße: 14–16 cm
Blütezeit: VII–IX
Wuchshöhe: 1,5–2,2 m
Rückschnittgruppe: 3
Winterhärte: gut
Kübel & Gefäße: ✓
Besonderes: guter Begleiter für gelbe Strauchrosen

'Sunset'

Blütengröße: 10–14 cm
Blütezeit: VI–IX
Wuchshöhe: 2–2,5 m
Rückschnittgruppe: 3
Winterhärte: gut
Kübel & Gefäße: ✓
Besonderes: feurig rote Neuheit (USA 1990)

'Tamula'

Blütengröße: 8–12 cm
Blütezeit: VII–IX
Wuchshöhe: 2–2,5 m
Rückschnittgruppe: 3
Winterhärte: sehr gut
Kübel & Gefäße: ✓
Besonderes: gute Schnittsorte (Floristik)

'Westerplatte'

Blütengröße: 10–14 cm
Blütezeit: VI–IX
Wuchshöhe: 1,6–2,5 m
Rückschnittgruppe: 3
Winterhärte: gut
Kübel & Gefäße: ✓
Besonderes: niedrige Sorte, überreich blühend

'Yukikomachi'

Blütengröße: 8–10 cm
Blütezeit: VI–IX
Wuchshöhe: 2,5 m
Rückschnittgruppe: 3
Winterhärte: gut
Kübel & Gefäße: ✓
Besonderes: weiße Sorte mit blauen Nuancen

Clematis alpina und Artverwandte

Vorfrühlings- und Frühjahrsblüher

Clematis alpina

Blütengröße: 3–4 cm
Blütezeit: IV–V
Wuchshöhe: 2–3 m
Rückschnittgruppe: 1
Winterhärte: sehr gut
Besonderes: sehr frostharte Sorte, verträgt keine Nässe

***C. alpina* 'Blue Princess'**

Blütengröße: 4–5 cm
Blütezeit: IV/V (VIII)
Wuchshöhe: 1,8–2,5 m
Rückschnittgruppe: 1
Winterhärte: sehr gut
Kübel & Gefäße: ✓
Besonderes: duftend, gute Nachblüte, Nässe meiden

***C. alpina* 'Helsingborg'**

Blütengröße: 5–6 cm
Blütezeit: IV/V (VIII)
Wuchshöhe: 1,8–2,5 m
Rückschnittgruppe: 1
Winterhärte: sehr gut
Besonderes: dekorative rote Stängel, gute Nachblüte, Nässe vermeiden

***C. alpina* 'Jutta'**

Blütengröße: 3–5 cm
Blütezeit: IV–V (VIII)
Wuchshöhe: 2,5–3 m
Rückschnittgruppe: 1
Winterhärte: sehr gut
Besonderes: neue Sorte aus Norwegen (2005), überreich blühend

***C. alpina* 'Pamela Jackman'**

Blütengröße: 4–5 cm
Blütezeit: IV/V
Wuchshöhe: 1,8–2,5 m
Rückschnittgruppe: 1
Winterhärte: sehr gut
Besonderes: reichblühend, eine der besten *C. alpina*-Sorten, Nässe vermeiden

***C. alpina* 'Pink Princess'**

Blütengröße: 5–6 cm
Blütezeit: IV/V–VI
Wuchshöhe: 2–3 m
Rückschnittgruppe: 1
Winterhärte: sehr gut
Besonderes: ausgesprochen frosthart, gefüllt blühend, Nässe vermeiden

***C. alpina* 'Ruby'**

Blütengröße: 4–6 cm
Blütezeit: IV/V–VI (VIII)
Wuchshöhe: 2,2–3,2 m
Rückschnittgruppe: 1
Winterhärte: sehr gut
Besonderes: ausgesprochen frosthart, sehr wurzel- und nässeempfindlich

***C. alpina* subsp. *sibirica* 'Riga'** (= *C. sibirica* 'Riga')

Blütengröße: 5–7 cm
Blütezeit: IV/V–VI (VIII)
Wuchshöhe: 2–3 m
Rückschnittgruppe: 1
Winterhärte: sehr gut
Besonderes: ausgesprochen frosthart, reinweiße Sorte, Nässe vermeiden

C. *fauriei* 'Campanulina Plena'
Blütengröße: 6–7 cm
Blütezeit: V–VI u. VII–VIII
Wuchshöhe: 2,2–3,5 m
Rückschnittgruppe: 1
Winterhärte: sehr gut
Besonderes: sehr großblumig, dicht gefüllt blühend, Nässe vermeiden

C. *fauriei* x *sibirica* 'Albina Plena'
Blütengröße: 6–8 cm
Blütezeit: V–VI (VIII/IX)
Wuchshöhe: 2,8 m
Rückschnittgruppe: 1
Winterhärte: sehr gut
Kübel & Gefäße: ✓
Besonderes: reinweiß und dicht gefüllt blühend

C. *macropetala* 'Maidwell Hall'
Blütengröße: 5–7 cm
Blütezeit: IV/V
Wuchshöhe: 1,8–2,5 m
Rückschnittgruppe: 1
Winterhärte: sehr gut
Besonderes: schöne Blütenform, eine der besten Sorten aus dieser Gruppe

C. *macropetala* 'Markhams Pink'
Blütengröße: 5–7 cm
Blütezeit: IV/V
Wuchshöhe: 1,8–2,5 m
Rückschnittgruppe: 1
Winterhärte: sehr gut
Besonderes: sehr dicht gefüllte, kompakte, reinrosa Blüten

C. *macropetala* 'Rosy O' Grady'
Blütengröße: 5–8 cm
Blütezeit: V–VI (VIII)
Wuchshöhe: 2–3 m
Rückschnittgruppe: 1
Winterhärte: sehr gut
Besonderes: gut schattenverträglich, für trockene Standorte

C. *macropetala* 'White Lady'
Blütengröße: 4–5 cm
Blütezeit: IV/V
Wuchshöhe: 2,2 m
Rückschnittgruppe: 1
Winterhärte: sehr gut
Besonderes: reinweiße Sorte, sehr gut verzweigender Wuchs

C. *macropetala* 'White Swan'
Blütengröße: 4–6 cm
Blütezeit: V/VI (VIII)
Wuchshöhe: ca. 2,5 m
Rückschnittgruppe: 1
Winterhärte: sehr gut
Besonderes: reinweiße, gefüllt blühende Sorte, für trockene Standorte

C. *ochotensis* 'Tage Lundell'
Blütengröße: 5–7 cm
Blütezeit: IV/V–VI (VIII)
Wuchshöhe: 1,8–2,5 m
Rückschnittgruppe: 1
Winterhärte: sehr gut
Besonderes: reichblühend, gute Nachblüte und verzweigender Wuchs

Clematis montana und Artverwandte

Frühjahrsblüher

Clematis montana

Blütengröße: 4–5 cm
Blütezeit: V–VI
Wuchshöhe: 7–12 m
Rückschnittgruppe: 1
Winterhärte: gut
Besonderes: sehr stark wachsende Sorte mit leichtem Duft

***C. montana* 'Alexander'**

Blütengröße: 5–6 cm
Blütezeit: IV/V–VI
Wuchshöhe: 6–10 m
Rückschnittgruppe: 1
Winterhärte: gut
Besonderes: stark wachsend, großblumig, nach Vanille duftend

***C. montana* 'Elizabeth'**

Blütengröße: 5–7 cm
Blütezeit: V–VI
Wuchshöhe: 5–8 m
Rückschnittgruppe: 1
Winterhärte: gut
Besonderes: stark wachsende Sorte, nach Vanille duftend

***C. montana* 'Elten'**

Blütengröße: 5–6 cm
Blütezeit: V
Wuchshöhe: 6–8 m
Rückschnittgruppe: 1
Winterhärte: gut
Besonderes: neue, reinweiße Sorte von 1995, nach Vanille duftend

***C. montana* 'Freda'**

Blütengröße: 4–5 cm
Blütezeit: V
Wuchshöhe: 4–8 m
Rückschnittgruppe: 1
Winterhärte: gut
Besonderes: Sorte mit dunkler Belaubung und zierlichem Wuchs

***C. montana* 'Marjorie'**

Blütengröße: 2–4 cm
Blütezeit: VI–VII
Wuchshöhe: 6–10 m
Rückschnittgruppe: 1
Winterhärte: gut
Besonderes: gefüllte Blüten, besonders spät blühend

***C. montana* 'Mayleen'**

Blütengröße: 4–5 cm
Blütezeit: V–VI
Wuchshöhe: 6–10 m
Rückschnittgruppe: 1
Winterhärte: gut
Besonderes: sehr stark wachsende Sorte, nach Vanille duftend

***C. montana* 'Pink Perfection'**

Blütengröße: 5–6 cm
Blütezeit: V
Wuchshöhe: 5–10 m
Rückschnittgruppe: 1
Winterhärte: gut
Besonderes: eine der besten *C. montana*-Sorten, nach Vanille duftend

C. *montana* 'Pleniflora'

Blütengröße: 4–5 cm
Blütezeit: V–VI
Wuchshöhe: 5–8 m
Rückschnittgruppe: 1
Winterhärte: gut
Besonderes: reinweiße Sorte mit gefüllten Blüten

C. *montana* var. *rubens*

Blütengröße: 3–5 cm
Blütezeit: V–VI
Wuchshöhe: 6–10 m
Rückschnittgruppe: 1
Winterhärte: gut
Besonderes: bekannteste Wildart, sehr stark wachsend

C. *montana* var. *rubens* 'Odorata'

Blütengröße: 5–6 cm
Blütezeit: V
Wuchshöhe: 6–10 m
Rückschnittgruppe: 1
Winterhärte: gut
Besonderes: intensiv nach Vanille duftend, kreuzförmige Blüten

C. *montana* 'Tetrarose'

Blütengröße: 5–8 cm
Blütezeit: V–VI
Wuchshöhe: 6–10 m
Rückschnittgruppe: 1
Winterhärte: gut
Besonderes: großblumig, dunkle Belaubung, nach Vanille duftend

C. *montana* var. *wilsonii*

Blütengröße: 3–5 cm
Blütezeit: V–VI/VII
Wuchshöhe: 5–8 m
Rückschnittgruppe: 1
Winterhärte: gut
Besonderes: weiße Blüten, nach heißer Schokolade duftend

Clematis chrysocoma

Blütengröße: 4–6 cm
Blütezeit: V–VI
Wuchshöhe: 7–12 m
Rückschnittgruppe: 1
Winterhärte: gut
Besonderes: sehr stark wachsende Sorte mit kupferfarbenem Laub

Clematis gracilifolia

Blütengröße: 3–5 cm
Blütezeit: IV–V/VI
Wuchshöhe: 3,5–4,5 m
Rückschnittgruppe: 1
Winterhärte: gut
Besonderes: weiße, zierliche Sorte, duftet nach Zitronenmelisse

Clematis spooneri
(=*C. chrysocoma* var. *sericea*)

Blütengröße: 5–7 cm
Blütezeit: V–VI
Wuchshöhe: 5–8 m
Rückschnittgruppe: 1
Winterhärte: gut
Besonderes: stark wachsende, weiße Sorte mit olivgrünem Laub

Staudenclematis

Frühsommer- und Sommerblüher

Clematis aromatica

Blütengröße: 2–3 cm
Blütezeit: VI–VIII
Wuchshöhe: 0,8–1,2 m
Rückschnittgruppe: 3
Winterhärte: sehr gut
Besonderes: zierliche Sorte, die eine leichte Stütze benötigt, leicht duftend

Clematis cylindrica

Blütengröße: 3–4 cm
Blütezeit: VI–VIII
Wuchshöhe: 0,8–1,2 m
Rückschnittgruppe: 3
Winterhärte: sehr gut
Kübel & Gefäße: ✓
Besonderes: benötigt leichte Stütze, duftend

***C. cylindrica* 'Swedish Bells'**

Blütengröße: 3–4 cm
Blütezeit: VI–VIII
Wuchshöhe: 0,8–1,5 m
Rückschnittgruppe: 3
Winterhärte: sehr gut
Kübel & Gefäße: ✓
Besonderes: eine Auslese von *C. cylindrica*

***C. diversifolia* 'Blue Boy'**

Blütengröße: 3–5 cm
Blütezeit: VI–IX
Wuchshöhe: 1,5–2 m
Rückschnittgruppe: 3
Winterhärte: gut
Kübel & Gefäße: ✓
Besonderes: guter Rosenpartner, leicht stützen

***C. diversifolia* 'Heather Herschell'**

Blütengröße: 5–6 cm
Blütezeit: VI–VIII
Wuchshöhe: 1,5–2 m
Rückschnittgruppe: 3
Winterhärte: sehr gut
Kübel & Gefäße: ✓
Besonderes: neue Sorte aus England von 1999

***C. diversifolia* 'Hendersonii'**

Blütengröße: 4–5 cm
Blütezeit: VI–VIII
Wuchshöhe: 1,5–2 m
Rückschnittgruppe: 3
Winterhärte: sehr gut
Besonderes: bodenbedeckend oder aufbinden möglich

***C. heracleifolia* 'Cassandra'**

Blütengröße: 1,5–2 cm
Blütezeit: VI–VIII/IX
Wuchshöhe: 1,2–1,5 m
Winterhärte: sehr gut
Besonderes: große Blätter, leicht stützen, Rückschnitt entfällt, da Pflanze einzieht

Clematis integrifolia

Blütengröße: 3–4 cm
Blütezeit: VI–VIII
Wuchshöhe: 0,4–0,8 m
Rückschnittgruppe: 3
Winterhärte: sehr gut
Kübel & Gefäße: ✓
Besonderes: bodenbedeckend, leicht duftend

C. integrifolia **'Alba'**

Blütengröße: 3–4 cm
Blütezeit: VI–VIII
Wuchshöhe: 0,4–0,8 m
Rückschnittgruppe: 3
Winterhärte: sehr gut
Kübel & Gefäße: ✓
Besonderes: bodenbedeckend, leicht duftend

C. integrifolia **'Alionushka'**

Blütengröße: 5–6 cm
Blütezeit: VI–VIII
Wuchshöhe: 1,5–1,8 m
Rückschnittgruppe: 3
Winterhärte: sehr gut
Kübel & Gefäße: ✓
Besonderes: guter Rosenpartner, leicht stützen

C. integrifolia **'Arabella'**

Blütengröße: 6–8 cm
Blütezeit: VI–IX
Wuchshöhe: 1,2–1,8 m
Rückschnittgruppe: 3
Winterhärte: gut
Kübel & Gefäße: ✓
Besonderes: guter Rosenpartner, leicht stützen

C. integrifolia **'Durandii'**

Blütengröße: 8–12 cm
Blütezeit: VI–VIII/IX
Wuchshöhe: 1,2–1,8 m
Rückschnittgruppe: 3
Winterhärte: sehr gut
Kübel & Gefäße: ✓
Besonderes: wachsartige Blüten, gute Schnittblume

C. integrifolia **'Rooguchi'**

Blütengröße: 4–5 cm
Blütezeit: VI–VIII/IX
Wuchshöhe: 1–1,5 m
Rückschnittgruppe: 3
Winterhärte: gut
Kübel & Gefäße: ✓
Besonderes: guter Rosenpartner, leicht stützen

Clematis kirilovii

Blütengröße: 2–3 cm
Blütezeit: VI–VIII/IX
Wuchshöhe: 1,5–2,2 m
Rückschnittgruppe: 3
Winterhärte: sehr gut
Kübel & Gefäße: ✓
Besonderes: ideal zu Strauchrosen, duftend

Clematis recta

Blütengröße: 1,5–2 cm
Blütezeit: VI–IX
Wuchshöhe: 1–1,5 m
Rückschnittgruppe: 3
Winterhärte: gut
Besonderes: heimische Staudenclematis, leicht stützen

C. tubulosa **'Côte d' Azur'**

Blütengröße: 1,5–2,5 cm
Blütezeit: VII–IX
Wuchshöhe: 1,2–1,5 m
Winterhärte: gut
Besonderes: stark duftend, zieht ein – wie andere Staudenclematis auch, Rückschnitt entfällt

Clematis viticella

Frühsommer- und Sommerblüher

Clematis viticella

Blütengröße: 3–4 cm
Blütezeit: VI/VII–IX/X
Wuchshöhe: 2,5–4 m
Rückschnittgruppe: 3
Winterhärte: sehr gut
Kübel & Gefäße: ✓
Besonderes: robuste, reichblühende Art

***C. viticella* 'Alba Luxurians'**

Blütengröße: 4–5 cm
Blütezeit: VI/VIII–IX
Wuchshöhe: 2,2–3,5 m
Rückschnittgruppe: 3
Winterhärte: sehr gut
Kübel & Gefäße: ✓
Besonderes: weiße Sorte, zum Teil luxurierend

***C. viticella* 'Betty Corning'**

Blütengröße: 3–4 cm
Blütezeit: VI–IX
Wuchshöhe: 1,8–2,5 m
Rückschnittgruppe: 3
Kübel & Gefäße: ✓
Winterhärte: sehr gut
Besonderes: zierliche Sorte, nach Jasmin duftend

***C. viticella* 'Blue Belle'**

Blütengröße: 7–10 cm
Blütezeit: VIII–IX
Wuchshöhe: 3–4 m
Rückschnittgruppe: 3
Winterhärte: sehr gut
Besonderes: sehr großblumige, spät blühende Sorte, stark wachsend

***C. viticella* 'Carmencita'**

Blütengröße: 4–6 cm
Blütezeit: VI–IX/X
Wuchshöhe: 2,5–3,5 m
Rückschnittgruppe: 3
Winterhärte: sehr gut
Kübel & Gefäße: ✓
Besonderes: am längsten blühende *C. viticella*-Sorte

***C. viticella* 'Etoile Violette'**

Blütengröße: 4–8 cm
Blütezeit: VI–IX
Wuchshöhe: 2,5–3,5 m
Rückschnittgruppe: 3
Winterhärte: sehr gut
Kübel & Gefäße: ✓
Besonderes: überreich blühend

***C. viticella* 'Jenny Caddick'**

Blütengröße: 6–8 cm
Blütezeit: VI–VIII
Wuchshöhe: 2,5–3 m
Rückschnittgruppe: 3
Winterhärte: sehr gut
Kübel & Gefäße: ✓
Besonderes: sehr reichblühend, neue Sorte

***C. viticella* 'Little Nell'**

Blütengröße: 4–6 cm
Blütezeit: VI–IX
Wuchshöhe: 2,5–3 m
Rückschnittgruppe: 3
Winterhärte: sehr gut
Kübel & Gefäße: ✓
Besonderes: Farbtönung von Düngung abhängig

C. viticella **'Margot Koster'**

Blütengröße: 7–10 cm
Blütezeit: VI–IX
Wuchshöhe: 2,5–3 m
Rückschnittgruppe: 3
Winterhärte: sehr gut
Kübel & Gefäße: ✓
Besonderes: überreich blühend, großblumig

C. viticella **'Mme Julia Correvon'**

Blütengröße: 7–10 cm
Blütezeit: VI–VIII
Wuchshöhe: 2,5–3 m
Rückschnittgruppe: 3
Winterhärte: sehr gut
Kübel & Gefäße: ✓
Besonderes: eine der besten *C. viticella*-Sorten

C. viticella **'Prince Charles'**

Blütengröße: 8–10 cm
Blütezeit: VI–VIII
Wuchshöhe: 2,5–3 m
Rückschnittgruppe: 3
Winterhärte: gut
Kübel & Gefäße: ✓
Besonderes: sehr reichblühend, großblumig

C. viticella **'Purpurea Plena Elegans'**

Blütengröße: 3–4 cm
Blütezeit: VI–IX
Wuchshöhe: 2,5–3,5 m
Rückschnittgruppe: 3
Winterhärte: sehr gut
Kübel & Gefäße: ✓
Besonderes: dicht gefüllte Blüten, blühen lange

C. viticella **'Romantika'**

Blütengröße: 9–12 cm
Blütezeit: VI–VIII
Wuchshöhe: 2,5–3 m
Rückschnittgruppe: 3
Winterhärte: sehr gut
Kübel & Gefäße: ✓
Besonderes: überreich blühend

C. viticella **'Royal Velours'**

Blütengröße: 4–7 cm
Blütezeit: VI–IX/X
Wuchshöhe: 2,5–3,5 m
Rückschnittgruppe: 3
Winterhärte: sehr gut
Kübel & Gefäße: ✓
Besonderes: samtartige Blüten, blühen lange

C. viticella **'Venosa Violacea'**

Blütengröße: 6–8 cm
Blütezeit: VI–IX
Wuchshöhe: 2,5 m
Rückschnittgruppe: 3
Winterhärte: sehr gut
Kübel & Gefäße: ✓
Besonderes: Farbtönung von Düngung abhängig

C. viticella **'Walenburg'**

Blütengröße: 5–7 cm
Blütezeit: VI–IX
Wuchshöhe: 2–3 m
Rückschnittgruppe: 3
Winterhärte: gut
Kübel & Gefäße: ✓
Besonderes: niedrigste *C. viticella*-Sorte

Clematis texensis und Artverwandte

Sommerblüher

C. texensis 'Catherine Clanwilliams'™
Blütengröße: 6–8 cm
Blütezeit: VII–IX/X
Wuchshöhe: 2,5–3,5 m
Rückschnittgruppe: 3
Winterhärte: gut
Kübel & Gefäße: ✓
Besonderes: größte *C. texensis*-Blüten

C. texensis 'Duchess of Albany'
Blütengröße: 4–6 cm
Blütezeit: VII–IX
Wuchshöhe: 2–3 m
Rückschnittgruppe: 3
Winterhärte: gut
Kübel & Gefäße: ✓
Besonderes: sehr frosthart, für Südlagen

C. texensis 'Etoile Rose'
Blütengröße: 3–5 cm
Blütezeit: VI–IX/X
Wuchshöhe: 1,8–2,5 m
Rückschnittgruppe: 3
Winterhärte: gut
Kübel & Gefäße: ✓
Besonderes: sehr reich- und ausdauernd blühend

C. texensis 'Gravetye Beauty'
Blütengröße: 4–6 cm
Blütezeit: VII–IX
Wuchshöhe: 2–3 m
Rückschnittgruppe: 3
Winterhärte: gut, dennoch leichter Winterschutz empfehlenswert
Kübel & Gefäße: ✓

C. texensis 'Pagoda'
Blütengröße: 4–6 cm
Blütezeit: VI–IX
Wuchshöhe: 2–2,5 m
Rückschnittgruppe: 3
Winterhärte: gut
Kübel & Gefäße: ✓
Besonderes: für Südlagen bestens geeignet

C. texensis 'Princess Diana' (= C. 'The Princess of Wales')
Blütengröße: 5–7 cm
Blütezeit: VII–IX
Wuchshöhe: 2–3 m
Rückschnittgruppe: 3
Winterhärte: gut, für Südlagen
Kübel & Gefäße: ✓

C. texensis 'Sir Trevor Lawrence'
Blütengröße: 5–7 cm
Blütezeit: VII–IX/X
Wuchshöhe: 2,5–3,5 m
Rückschnittgruppe: 3
Winterhärte: gut
Kübel & Gefäße: ✓
Besonderes: sehr lange Blütezeit, für Südlagen

***Clematis texensis* Typ a**
Blütengröße: 2,5–4 cm
Blütezeit: VI–VIII
Wuchshöhe: 2,5–3 m
Rückschnittgruppe: 3
Winterhärte: gut
Kübel & Gefäße: ✓
Besonderes: zierliche, urnenförmige Blüten

***Clematis texensis* Typ b**

Blütengröße: 2,5–4 cm
Blütezeit: VI–VIII
Wuchshöhe: 2,5–3,5 m
Rückschnittgruppe: 3
Winterhärte: gut
Besonderes: gerippte Auslese, außen lachs- und innen cremefarbig

***C. texensis* x *viorna* 'Kaiu'**

Blütengröße: 2–3 cm
Blütezeit: VI–IX
Wuchshöhe: 2,5–3,5 m
Rückschnittgruppe: 3
Winterhärte: gut, mit leichtem Winterschutz
Besonderes: für Südlagen, urnenförmige Blüten

Clematis crispa

Blütengröße: 4–5 cm
Blütezeit: VI–IX/X
Wuchshöhe: 2,2–2,8 m
Rückschnittgruppe: 3
Winterhärte: sehr gut
Besonderes: zierliche Art mit leichtem Duft und langer Blütezeit

***C. crispa* x *viorna* 'Odoriba'**

Blütengröße: 3,5–5 cm
Blütezeit: VI–IX/X
Wuchshöhe: 3,5–5 m
Rückschnittgruppe: 3
Winterhärte: gut
Kübel & Gefäße: ✓
Besonderes: Südlagen bevorzugen

Clematis fusca

Blütengröße: 2–3 cm
Blütezeit: VI–VIII
Wuchshöhe: 2–2,5 m
Rückschnittgruppe: 3
Winterhärte: gut, mit leichtem Winterschutz
Besonderes: für Südlagen, Fruchtschmuck

C. fusca* var. *violacea

Blütengröße: 1,5–2,5 cm
Blütezeit: VI–VIII
Wuchshöhe: 2,5–3 m
Rückschnittgruppe: 3
Winterhärte: sehr gut
Besonderes: zierliche blau-violette Art, Liebhaberpflanze

Clematis viorna

Blütengröße: 2–3 cm
Blütezeit: VII–IX
Wuchshöhe: 1,8–2,5 m
Rückschnittgruppe: 3
Winterhärte: gut
Besonderes: urnenförmige Blüten, Oberart der Texensis-Gruppe

***C. viorna* 'Sonnette'™**

Blütengröße: 2,5–3 cm
Blütezeit: VII–IX/X
Wuchshöhe: 1,5–2 m
Rückschnittgruppe: 3
Winterhärte: gut
Kübel & Gefäße: ✓
Besonderes: Neuheit, ab 2006 im Handel

Clematis tangutica, orientalis, serratifolia

Sommer-, Spätsommer- und Herbstblüher

C. orientalis **'Bill MacKenzie'**
Blütengröße: 4–6 cm
Blütezeit: VI/VII u. IX–X/XI
Wuchshöhe: 3,5–4,5 m
Rückschnittgruppe: 3
Winterhärte: sehr gut
Besonderes: reizvoller Fruchtschmuck

C. orientalis **'Orange Peel'**
Blütengröße: 2–3 cm
Blütezeit: VII–IX/X
Wuchshöhe: 2,5–4 m
Rückschnittgruppe: 3
Winterhärte: sehr gut
Besonderes: reizvolle Fruchtstände, starke Blütenblätter (Name!)

C. orientalis **'Red Balloon'**
Blütengröße: 3–5 cm
Blütezeit: VII–IX
Wuchshöhe: 2,5–4,5 m
Rückschnittgruppe: 3
Winterhärte: sehr gut
Besonderes: Blüten anfangs gelb, später rötlich, reizvoller Fruchtschmuck

C. orientalis **x *serratifolia*** **'Helios'**
Blütengröße: 6–8 cm
Blütezeit: V–X
Wuchshöhe: 1,6–2,2 m
Rückschnittgruppe: 3
Winterhärte: sehr gut
Kübel & Gefäße: ✓
Besonderes: niedrig wachsender Dauerblüher

C. serratifolia **'Golden Tiara®'™**
Blütengröße: 4–5 cm
Blütezeit: VII–IX
Wuchshöhe: 2,5–3,5 m
Rückschnittgruppe: 3
Winterhärte: sehr gut
Besonderes: Blüte mit viel Kontrast, winterhart, lizenzpflichtig

C. tibetana **subsp. *tangutica*** (= *C. tangutica*)
Blütengröße: 3–5 cm
Blütezeit: VII–IX
Wuchshöhe: 2,5–3,5 m
Rückschnittgruppe: 3
Winterhärte: sehr gut
Besonderes: zierliche Lampionblüten, Fruchtschmuck bis in den Winter

C. tibetana **subsp. *tangutica*** **'Aurelion'**
Blütengröße: 4–5 cm
Blütezeit: V/VI–IX
Wuchshöhe: 2–3,5 m
Rückschnittgruppe: 3
Winterhärte: sehr gut
Besonderes: sehr reich- und ausdauernd blühend, auffälliger Fruchtschmuck

C. tibetana **subsp. *tangutica*** **'Lambton Park'**
Blütengröße: 5–7 cm
Blütezeit: VI–VIII/IX
Wuchshöhe: 2,5–3,2 m
Rückschnittgruppe: 3
Winterhärte: sehr gut
Besonderes: *C. tibetana* mit den größten Blüten, nach Kokosnuss duftend

Clematis vitalba und Artverwandte

Sommer-, Spätsommer- und Herbstblüher

Clematis vitalba

Blütengröße: 1,5–2,5 cm
Blütezeit: VII–IX
Wuchshöhe: 3,5–10 m
Rückschnittgruppe: 3
Winterhärte: gut
Besonderes: heimische Art, sehr stark wachsend, zum Verwildern in Bäumen

Clematis brevicaudata

Blütengröße: 1,5–2,5 cm
Blütezeit: VIII–X
Wuchshöhe: 5–10 m
Rückschnittgruppe: 3
Winterhärte: sehr gut
Besonderes: weiße, sehr reichblühende Art aus China

Clematis gouriana

Blütengröße: 1,5–2,5 m
Blütezeit: IX–X
Wuchshöhe: 4–6 m
Rückschnittgruppe: 3
Winterhärte: sehr gut
Besonderes: Bodendecker oder Kletterer mit Duft, stark wachsend

***Clematis* 'Jasper'**

Blütengröße: 2,5–3,5 cm
Blütezeit: VII–IX
Wuchshöhe: 2,5–4,5 m
Rückschnittgruppe: 3
Winterhärte: gut/sehr gut
Besonderes: guter Bodendecker mit leichtem Duft, Bienenweide

Clematis ladakhiana
(= *C. tibetana* subsp. *tibetana*)
Blütengröße: 1,5–2,5 cm
Blütezeit: VIII–X
Wuchshöhe: 3–4 m
Rückschnittgruppe: 3
Winterhärte: sehr gut
Besonderes: bronzefarben gesprenkelte Blüten

***Clematis* 'Paul Farges'**
(= C. 'Fargesioides')
Blütengröße: 3–4 cm
Blütezeit: VI/VII–IX
Wuchshöhe: 3,5–5,5 m
Rückschnittgruppe: 3 (2)
Winterhärte: sehr gut
Besonderes: unkompliziert und frei von Krankheiten, Anfängerpflanze

C. potaninii* var. *potaninii
(= *C. fargesii* 'Souliei')
Blütengröße: 4–6 cm
Blütezeit: VI/VII–VIII
Wuchshöhe: 2,5–3,5 m
Rückschnittgruppe: 3
Winterhärte: sehr gut
Besonderes: großblumig, frei von Krankheiten, wurzelempfindlich

***C. tibetana* subsp. *tangutica* 'Anita'**
Blütengröße: 3–5 cm
Blütezeit: VII–IX/X
Wuchshöhe: 2,5–4 m
Rückschnittgruppe: 3
Winterhärte: gut
Besonderes: weiße, sternförmige Blüten, sehr reichblühend

Immergrüne Winterblüher

Clematis armandii, cirrhosa und andere

Clematis armandii

Blütengröße: 5–7 cm
Blütezeit: II–IV/V
Wuchshöhe: 2–4 m
Rückschnittgruppe: 1/2
Winterhärte: bis –15 °C; Winterschutz!
Kübel & Gefäße: ✓
Besonderes: duftend

***C. armandii* 'Apple Blossom'**

Blütengröße: 4–5 cm
Blütezeit: II–IV/V
Wuchshöhe: 2–3,5 m
Rückschnittgruppe: 1/2
Winterhärte: bis –15 °C; Winterschutz!
Kübel & Gefäße: ✓
Besonderes: duftend

***Clematis* 'Cartmanii Joe'**

Blütengröße: 5–7 cm
Blütezeit: II–V
Wuchshöhe: 1–1,5 m
Rückschnittgruppe: 1/2
Winterhärte: bis –8 °C; Winterschutz!
Kübel & Gefäße: ✓
Besonderes: leicht duftend

C. cirrhosa* var. *balearica (= *C. cirrhosa* subsp. *balearica*)

Blütengröße: 3–5 cm
Blütezeit: II–IV
Wuchshöhe: 1,5–2,5 m
Rückschnittgruppe: 1/2
Winterhärte: bis –8 °C
Kübel & Gefäße: ✓
Besonderes: Belaubung

***C. cirrhosa* 'Freckles'**

Blütengröße: 4–5 cm
Blütezeit: X/XI oder II–IV
Wuchshöhe: 2–3,5 m
Rückschnittgruppe: 1/2
Winterhärte: bis –8 °C; Winterschutz!
Kübel & Gefäße: ✓
Besonderes: Belaubung

***C. cirrhosa* 'Semitriloba'**

Blütengröße: 5–6 cm
Blütezeit: II/III–IV
Wuchshöhe: 2,5–3,5 m
Rückschnittgruppe: 1
Winterhärte: bis –8 °C; Winterschutz!
Kübel & Gefäße: ✓
Besonderes: großblumig

***Clematis* 'Early Sensation'**

Blütengröße: 5–7 cm
Blütezeit: II/III–IV
Wuchshöhe: 2–3 m
Rückschnittgruppe: 1/2
Winterhärte: bis –8 °C; Winterschutz!
Kübel & Gefäße: ✓
Besonderes: Belaubung

Clematis napaulensis

Blütengröße: 3–4 cm
Blütezeit: XII–III
Wuchshöhe: 4–5 m
Rückschnittgruppe: 2
Winterhärte: bis –8 °C
Kübel & Gefäße: ✓
Besonderes: nur im Sommer laubabwerfend

Wertvolle botanische Arten

Clematis flammula, florida und andere

Clematis flammula

Blütengröße: 2–3 cm
Blütezeit: VII–VIII
Wuchshöhe: 2,5–4,5 m
Rückschnittgruppe: 3
Winterhärte: gut
Kübel & Gefäße: ✓
Besonderes: stark duftend, zierliche Belaubung

***C. flammula* 'Rubromarginata'** (= *C. triternata* 'Rubromarginata')

Blütengröße: 2–3 cm
Blütezeit: VII–IX
Wuchshöhe: 2,5–4,5 m
Rückschnittgruppe: 3
Winterhärte: sehr gut
Besonderes: stark duftend, zierliche Belaubung

***C. florida* 'Alba Plena'**

Blütengröße: 5–7 cm
Blütezeit: VI–IX/X
Wuchshöhe: 2,5–4 m
Rückschnittgruppe: 2/3
Winterhärte: bis –12 °C
Kübel & Gefäße: ✓
Besonderes: gut für Wintergärten (Blüte ab II/III)

C. florida* var. *sieboldiana

Blütengröße: 5–7 cm
Blütezeit: VI–IX/X
Wuchshöhe: 2,5–4 m
Rückschnittgruppe: 2/3
Winterhärte: bis –12 °C
Kübel & Gefäße: ✓
Besonderes: gut für Wintergärten (Blüte ab II/III)

***C. fruticosa* 'Anna'**

Blütengröße: 2–3 cm
Blütezeit: VII–X
Wuchshöhe: 1–1,5 m
Rückschnittgruppe: 3
Winterhärte: gut
Kübel & Gefäße: ✓
Besonderes: strauchartig, holzig wachsend, duftend

Clematis rehderiana

Blütengröße: 1,5–2,5 cm
Blütezeit: VIII–X/XI
Wuchshöhe: 3,5–4,5 m
Rückschnittgruppe: 3
Winterhärte: gut
Besonderes: duftet nach Schlüsselblumen, reichblühend, stark wachsend

Clematis repens

Blütengröße: 2–3 cm
Blütezeit: VI/VII–IX/X
Wuchshöhe: 2–2,5 m
Rückschnittgruppe: 3
Winterhärte: gut
Kübel & Gefäße: ✓
Besonderes: für Ampeln geeignet, Neuheit (2006)

Clematis terniflora (= *C. maximowiciana*)

Blütengröße: 2–3 cm
Blütezeit: VIII/IX–X/XI
Wuchshöhe: 3,5–4,5 m
Rückschnittgruppe: 3
Winterhärte: gut
Besonderes: für Südlagen, stark duftend, frei von Krankheiten

Adressen

Clematis Kulturen
Friedrich Manfred Westphal
Peiner Hof 7
25497 Prisdorf
Tel. 04101/7 41 04
Fax 04101/78 11 13
kontakt@clematis.westphal.de
www.clematis-westphal.de

Baumschulen Lothar Sachs
Großstückenweg 10
01445 Radebeul b. Dresden
Tel. 0351/8 38 69 08
Fax 0351/8 38 70 53

Rosen Jensen
Am Schloßpark 2 b
24960 Glücksburg
Tel. 04631/6 01 00
Fax 04631/ 20 80

Steinegger Baumschulen
Staffelweg 10
79618 Rheinfelden
Tel. 07623/31 48
Fax 07623/6 19 88
christine.steinegger@sunshine-garden.de
www.sunshine-garden.de

Hauenstein AG
Landstrasse 42
CH-8197 Rafz
Tel. 0041 (0)44 879/11 22
Fax 0041 (0)44 879/11 88
info@hauenstein-rafz.ch
www.hauenstein-rafz.ch

Martin Artner
Waldviertler Baumschulbetrieb
Reichenau am Freiwald 9
A-3972 Bad Großpertholz
Tel. 0043 (0)2857/29 70
Fax 0043 (0)2857/2 51 77
artner-biobaumschule@wvnet.at
www.artner.biobaumschule.at

Register

Halbfette Seitenzahlen verweisen auf Abbildungen

Mit 232 Farbfotos von:
Gartenbildagentur, Au/Hallertau: 5; **Gartenschatz,** Stuttgart: 9 o, 13, 17, 20, 25; **Hermann H. Jensen**, Munkbrarup: 27 o Mi re, 27 u li, 28 o Mi li, 30 u re, 37 o li; **Klaus Körber,** Erlabrunn: 2/3, 6; **Ute Kruse**, Lüneburg: 33 o Mi li, 37 u Mi re; **Reinhard Tierfoto, Hans Reinhard**, Heiligkreuzsteinach-Eiterbach: 7, 18; **Friedrich Strauß,** Au/Hallertau: 9 u, 10, 11, 16; **Annette Timmermann,** Stolpe: 12 o;

Alle weiteren Fotos von
Sabine und F. Manfred Westphal

Mit 4 Illustrationen von:
Christine Vogt, Borstel-Hohenraden: 11, 14;
Johannes-Christian Rost, Stuttgart: 24 beide;

Legenden zu:
Seite 1: *Clematis*-Hybride 'Pribaltika'
Seite 2/3: *Clematis*-Hybride 'Comtesse de Bouchaud' und *Clematis viticella* 'Polish Spirit'
Seite 13: Clematis-Hybride 'Ramona'
Seite 25: *Clematis*-Hybride 'Nelly Moser'

Umschlaggestaltung von Atelier Reichert, Stuttgart, unter Verwendung von zwei Fotos von F. Manfred Westphal, Prisdorf (Hauptmotiv: *Clematis florida* var. *sieboldiana*; Einklinker: *Clematis*-Hybride 'Corona').

Gedruckt auf chlorfrei gebleichtem Papier.

Bibliografische Informationen der Deutschen Bibliothek

Die Deutsche Bibliothek verzeichnet diese Publikation in der Deutschen Nationalbibliografie; detaillierte bibliografische Daten sind im Internet über http://dnb.ddb.de abrufbar.

1. Auflage

ISBN-13: 978-3-440-10765-2
ISBN-10: 3-440-10765-5
Lektorat: Birgit Grimm
Produktion: DOPPELPUNKT Auch & Grätzbach GbR, Stuttgart
Grundlayout: Dietmar Grashoff, Lahr
Gestaltung: Birgit Grimm
Printed in Slovakia/Imprimé Slovaquie